广东省环境社会风险治理体系建设
探索与实践

叶　脉　张景茹　张路路　李朝晖 等　著

科　学　出　版　社
北　京

内 容 简 介

本书将理论创新与治理实践相结合，在对环境社会风险的理论研究基础上，全面剖析了国内外环境社会风险的研究现状、治理经验与典型案例，系统分析了广东省环境社会风险的历史渊源与现状特征、环境社会风险的治理困境、典型案例以及环境社会风险治理体系建设实践，最后从环境社会治理体系与治理能力现代化、构建共建共治共享的环境社会治理格局的角度，提出新时代广东省环境社会风险治理路径转型方向。广东省环境社会风险治理体系建设具有一定的引领性，可为广东省及其他兄弟省份下一阶段环境社会风险治理体系与治理能力现代化建设提供重要的理论与实践价值。

本书可供政策制定者、科研人员、公共管理与环境科学领域的相关专家学者和社会公众参考。

图书在版编目（CIP）数据

广东省环境社会风险治理体系建设探索与实践／叶脉等著．—北京：科学出版社，2021.5
ISBN 978-7-03-068668-8

Ⅰ．①广…　Ⅱ．①叶…　Ⅲ．①环境综合整治–研究–广东
Ⅳ．①X321.265

中国版本图书馆 CIP 数据核字（2021）第 075125 号

责任编辑：刘 超／责任校对：樊雅琼
责任印制：吴兆东／封面设计：无极书装

科 学 出 版 社 出版
北京东黄城根北街 16 号
邮政编码：100717
http://www.sciencep.com

北京建宏印刷有限公司 印刷
科学出版社发行　各地新华书店经销
*
2021 年 5 月第 一 版　开本：720×1000　1/16
2021 年 5 月第一次印刷　印张：12
字数：230 000
定价：128.00 元
（如有印装质量问题，我社负责调换）

《广东省环境社会风险治理体系建设探索与实践》
主要撰写者

叶　脉　　张景茹　　张路路　　李朝晖

撰写委员会

张志娇　　陈佳亮　　张佳琳　　孙贝丽

杨泽涛　　叶晓倞　　王中慧　　丘晓彤

禤嘉慧　　余　璇　　林伟彪　　黄秋森

高　黎　　王　思　　吴乐兰　　宋　烺

王　林　　郁倩倩　　李昊彧　　冯旖菲

前　言

随着中国特色社会主义进入新发展的新阶段，我国社会主要矛盾已经转化为人民日益增长的美好生活需要和不平衡不充分的发展之间的矛盾，中国社会发展的侧重点已由经济增长转向人民生活质量的提升，公众权利意识和环境意识日益觉醒，人民在民主、法治、公平、正义、安全、环境等方面的要求日益增长，更加注重知情权、参与权、表达权、监督权，参与社会治理的意愿强烈；同时，当前我国生态环境保护工作仍面临着多重挑战，环境与经济形势敏感复杂，一些结构性、瓶颈性、体制性问题还未得到根本解决，由环境问题引发的"邻避"危机、环境信访矛盾已成为影响社会稳定的重要风险来源之一，并在一定条件下有演化为政治风险的可能，影响社会和谐稳定，给当前环境社会治理带来了极大压力和挑战。无论我们心甘情愿还是心怀抵触，我们正生活在一个"与邻避为邻"的时代，"邻避"现象将在未来城市发展中趋向"常态化"。"邻避"现象是社会发展到一定阶段的必然产物，是符合社会发展规律的现象，也是社会进步、利益分化的客观表现。"邻避"效应本身不是问题，"邻避"设施本身更不是问题，而"邻避"效应为何会导致公众采取的群体抗议行动，才是"邻避"真正问题之所在。当前我国正在面临环境社会治理体系的深刻变革和城市发展的路径重构，"邻避"问题无疑值得我们深思：如何通过经济体制机制改革，构建新时代环境社会治理体系和治理能力现代化。

现代环境治理作为社会治理的重要环节，既有以环境质量快速下降为主要特征的突发事件与生态环境安全风险的防范与治理，也有风险叠加扩散引发的社会稳定风险的防范与化解。党的十九大要求，应加快生态文明体制改革，建设美丽中国，构建政府为主导、企业为主体、社会组织和公众共同参与的生态环境共治体系。为推进生态环境治理体系和治理能力现代化，助力打好污染防治攻坚战，保障经济社会安全稳定发展，中央主要领导作出重要指示批示，主管部门先后出台一系列重要文件。党的十九届四中全会对坚持和完善共建共治共享的社会治理制度作出部署，强调加强和创新社会治理，完善党委领导、政府负责、民主协商、社会协同、公众参与、法治保障、科技支撑的社会治理体系，建设人人有责、人人尽责、人人享有的社会治理共同体，确保人民安居乐业、社会安定有序，建设更高水平的平安中国。坚持和完善共建共治共享的社会治理制度，是完善和发展中国特色社会主义制度、推进国家治理体系和治理能力现代化的重要内容。2020年3月，中共中央办公厅、国务院办公厅印发了《关于构建现代环境治理体系的指导意见》，提出到2025年，建立健全环境治理的领导责任体系、企业责任体系、全民行动体系、监管体系、市场体系、信用体系、法律法规政策体系，落实各类主体责任，提高市场主体和公众参与的积极性，形成导向清晰、决策科学、执行有力、激励有效、多元参与、良性互助的环境治理体系。

广东省是中国经济第一大省，也是人口大省，经济社会的快速发展、城市规模的急剧扩张，公众环保意识和维权意识的持续觉醒，使广东省面临的环境社会风险挑战具有超前性。与其他省份相比，广东的"邻避问题"爆发的时期更早、矛盾更突出、影响也更广泛。重大项目建设对广东省经济长期健康稳定具有重要支撑作用，但"一建就闹、一闹就停"的"邻避"困局常常严重阻碍项目建设进程；工业企业数量众多、工商业与居民区交错混杂，"楼企相邻"及"楼路相近"等环境矛盾的现状，导致全省生态环境信访投诉量长期位居全国前列。加之毗邻港澳的特殊区位，境外某些媒体、组织等可能会抓住一些重要时间节点，以"邻避""维权"等为借口进行炒作，生态环境领域有可能是社会风险乃至政治风险的高发领域之一。

2018年3月7日习近平总书记在参加十三届全国人民代表大会广东代表团的审议时对广东社会治理工作给予厚望，要求广东省在营造共建共治共享社会治理格局上走在全国前列，并提出一系列重要要求。广东省委、省政府按照党中央、国务院部署，对"邻避"问题防范化解工作先行先试，率先改革，取得显著成效。特别是近两年来，曾因"邻避"问题搁置十多年的清远市垃圾焚烧项目等几十个垃圾焚烧和危废处置设施项目顺利推进，为打赢污染防治攻坚战补齐了短板；惠州中海油石化、揭阳中委石化、湛江巴斯夫石化等一批关系国家重大工业战略的石化项目顺利建设；深茂铁路、广湛高铁等粤港澳大湾区重大基础设施项目"邻避"问题顺利化解并动工建设。广东在实践中创造的"韶关模式""肇庆路径"等开先河举措的宝贵经验被推广至全国。近几年来全省涉环保"邻避"项目群体性事件呈显著下降趋势。2019年起生态环境信访举报量增速开始放缓，2020年实现受理环境信访举报数量自2001年以来首次出现下降，全省环境社会风险防范总体呈现稳中向好态势，环境社会治理体系稳步完善。

广东作为全国改革开放的排头兵、先行地和试验区，创新是一路高速健康发展的法宝，也是全省生态环境治理能力与治理体系现代化建设的关键抓手。"十三五"以来，广东省在环境社会风险治理领域先行先试、全面推进，逐步探索出一套防范化解环境社会风险行之有效的"广东经验"，既在环境社会风险治理领域为广东省生态文明建设在新时代新征程上走在全国前列打下了坚实基础，也可为国内其他兄弟省份环境社会风险治理体系与治理能力建设提供实践参考。

作　者

2021 年 3 月

目　　录

第1章 环境社会风险的理论内涵

1.1 概念界定与理论基础

1.1.1 环境社会风险概念

环境社会风险是指民众因担心或已受到空气、土壤、水、辐射、噪声污染或生态景观破坏等环境问题，而引起信访矛盾、网络舆情或群体性事件等集体维权行为，导致社会冲突，危及社会秩序乃至政治稳定的可能性。一般表现为因反建垃圾处理厂、火葬场、变电站和高速铁路等基础设施引发的"邻避"冲突、环境信访等现象。

1.1.2 "邻避"基本概念与理论基础

(1) "邻避"设施

"邻避"一词在英语表述中是"NIMBY"，即"not in my backyard"（不要建在我家后院），"邻避"内涵的学术界定是由美国学者 Michael O'Hare 于 1977 年首次提出的，即"能够带来整体性社会利益，但对周围居民产生负面影响"的设施（O'Hare，1977）。此外，随着研究的深入，国外学者还提出许多不同的表述，如"locally unwanted land use（LULU）"，即"本地不期望的土地利用"；"better in your backyard than in mine（BIYBTIM）"，即"建在你家后院好过建在我家后院"；"not in anybody backyard"，即"不要在任何人家后院（NIABY）"；"not on planet earth"，即"不要在地球上（NOPE）"等。

所谓"邻避"设施，是指城市发展中建设的一些带有负外部性并被附近居民所厌恶同时又造福于整个区域的公共设施，比如垃圾焚烧厂、核电厂、信号发射塔、化工厂、变电站、火葬场、精神病院等。邻避设施的本源为一种具有增进整体利益的正外部性和损害局部利益的负外部性构成的用以生产和提供公共服务的公共设施，具有明显的成本和收益的非对称性，这种利益不对称性是产生分歧的根源。这也就是所谓的公共善和个人恶的混合体。

"邻避"设施通常具有以下特性：第一，设施所产生的效益为全体社会所共享，但负面外部效果却由设施附近民众来承担；第二，住户欲避免此类设施所带来的负面影响，唯有通过空间区位的移动达成；第三，住户对此类设施的接受程度，受到居住地点与此类设施距离远近的影响，一般而言，距离越远，住户接受程度越高；第四，"邻避"设施的设置与兴建，不仅是一项需要高度专业技能的科学评估，亦是一项关系社会大众福祉的公共决策问题，而专家的专业评估意见和社会大众的价值判断，由于观念和利益的出发点不同，往往使两者间的价值判断存在着某些差距，若决策单位忽视这些差距，则难免会与民众发生冲突。

依据不同的标准，"邻避"设施具有不同的分类。陶鹏和童星（2010）从预期损失与不确定性两个方向出发，将"邻避"设施划分为：污染类"邻避"设施（垃圾焚烧发电厂、垃圾填埋场、危险废物焚烧处理厂、污水处理厂、污染类工业企业、交通设施等）、风险集聚类"邻避"设施（核电站、PX项目、加油加气站、变电站等）、污名化类"邻避"设施（戒毒中心、精神病院、监狱、社会流浪人口救助机构等）以及心理不悦类"邻避"设施（殡仪馆、火葬场和墓地等）。林茂成根据"邻避"设施的用途，将"邻避"设施分为一般生活类"邻避"设施（传统菜市场、教堂、庙宇和加油站等）、休闲生活类"邻避"设施（舞台、酒店、PUB、KTV、电动玩具城和夜市等）、社区安全类"邻避"设施（消防站、消防栓和危险品处理场等）、环境基础类"邻避"设施（垃圾收集站、垃圾处理场和污水处理厂等）以及经济类"邻避"设施（电信号发射塔、核电站和变电站等）。

（2）"邻避"情结

周边居民由于对"邻避"设施的效益由整体社会共享，而其所带来的环境污染、健康威胁、资产损失等负外部性却由自己承担的不公平感与相对剥夺感等抵触心理即为"邻避"情结或者"邻避"态度。其根源在于"邻避"设施的兴建给周边居民造成的成本与收益失衡。李永展（1997）将"邻避"情结视为一种"个人或社区反对某种设施或土地使用所表现出来的态度"。邱昌泰（2001）将"邻避"情结定性为包含诸多非理性因素态度，这种态度倾向于自利的、政治的或者具有意识形态色彩的，它妨碍着环保建设并且很难被理性地说服。而陶鹏和童星（2010）则认为"邻避"情结其实是一种居民想要保护自身生活领域，维护生活品质所产生的抗拒心理和行动策略。"邻避"情结实际上包含三个层面的含义：首先，它是一种全面拒绝被认为有害于生存权与环境权的公共设施的态度，比如垃圾掩埋场、焚化厂、火力发电厂、核能电厂等；其次，强调以环境价值作为是否兴建公共设施的标准；最后，邻避情结主要是一种情绪性反应，居民不一定需要有技术层面、经济层面或行政层次的理性知识（Vittes and Lilie，1993）。

（3）"邻避"效应

"邻避"效应是指"邻避"设施附近的居民考虑到自己的利益受损而其他人却不用为此买单，于是产生不满，这种不满的认知更偏向主观化和情绪化，甚至越来越多的居民对邻避设施产生"妖魔化"或者"污名化"的刻板印象。少数反抗者运用网络舆情使得"邻避"情结的负面情绪迅速扩散并取得附近更多居民的认同，于是小范围的反对逐渐演化成群体性反抗，最终爆发"邻避"冲突（邢晓萌，2019）。根据乔艳洁等（2014）对"邻避"效应的定义，"邻避"效应是源于"邻避"设施所具有的收益成本分配不均衡的特征，这会引起附近居民心理上的抗拒与隔阂，并且产生"邻避"情结。当政府对此处理不当时，便会激发居民的抗争行为，以上现象便是"邻避"效应。

（4）"邻避"冲突

"邻避"冲突是指民众在"邻避"情结的作用下，以反对"邻避"设施建设为目的而采取强烈的和坚决的、有时高度情绪化的集体反对甚至抗争行为。丘昌泰认为"邻避"冲突是一种民众面对在其附近进行不受欢迎的设施选址时的一种保护主义的态度和对立战术，公众对"邻避"设施的抗争，主要源于这些设施可能产生的潜在威胁生活品质与财产价值的风险，因而产生敌视行为态度。何艳玲将"邻避"冲突的原因归结为"邻避"设施的负外部性和"成本-效益"的不均衡性，居民在以上原因的作用下由于"邻避"情结会产生强烈反对将"邻避"设施建在自家后院的冲突行为，并将其归结为"政府公共政策制定与执行上相当难以突破的瓶颈"。"邻避"冲突一方面涉及多元主体（公民、政府、企业等）间的利益博弈，另一方面也反映了公共利益和个人利益之间的博弈，其核心表现为利益冲突，是现代社会中多元利益不可平衡的极端爆发。

（5）"邻避"冲突的发展演变

"邻避"冲突的发展演变是一个由量变到质变的过程，是社会秩序从有序状态到无序状态再恢复到新的有序状态的过程。我们可以将"邻避"冲突的发生演化过程划分为蛰伏隐患期、蓄势待发期、持续激化期、井喷爆发期、回落平静期 5 个阶段。

1）蛰伏隐患期，也即邻避运动初期。

"邻避"设施或已建成，或在筹备阶段，民众感知或意识到其可能存在的危险，抑或因为事先未被告知实际情况而突然知道消息后产生相对剥夺感。因此，民众一般会通过向政府部门上诉或递交提案等方式去表达利益诉求。民众可通过各种制度内方式进行利益诉求的表达，但其效果和结果却收效甚微。新闻媒体的关注度相对较低，事件还未引起社会大众的普遍关注。运动动员结构水平较低，民众组织化程度较低。此刻亦未形成具有说服力和号召力的强大的话语体系，民众更多处于个体抗争阶段。

2）蓄势待发期，亦为"邻避"运动中期。

民众上诉或提交提案未果，事件越闹越大，越来越多的群众参与到事件中。伴随着事件的发酵和酝酿，事件开始走向激化，并开始引起政府部门的关注。同时，新闻媒体开始零星报道，社会对事件的关注度逐渐上升。政治动员结构水平有所上升，民众在前期抗争行为未果的情况下，更易选择抱团和合作的策略，如采取静坐等方式。而话语和情感开始固着，集体意识形态开始形成，"邻避"心理和观念开始在更多民众中传播和发酵。此时，若政府能采取有效干预措施，让民众合理表达利益诉求，使得积聚在整个事件中的"气"得到释放和流通，则会有效遏制事态的恶化。

3）持续激化期，也即"邻避"运动末期，同时也进入到"邻避"运动的关键时期。

整个事态变得相对激化，政府和民众的关系也变得相对紧张。政府开始持续关注事态的进展并会采取一定的防治措施，以免事态发展成为不可控状态。新闻媒体逐步投放越来越多的关注和报道，事件吸引整个社会较高的关注度。同时，新闻媒体的报道内容亦会在一定程度上影响整个社会舆论的走向。另外，新媒体时代每个人都可能是信息的来源和传播者，民众通过微博、微信、抖音、博客、贴吧等途径，初步完成网络动员，形成一致的行动意愿，整个事件进入一个临界点，危险一触即发。而同时，在民众中，已形成相对统一和共同的话语体系、意识形态和情感。此时，进入"邻避"运动和环境群体性事件的临界点，为了防止事态的进一步恶化，政府可通过召开说明会、与民众平等对话、邀请中立的第三方参与等方式，与民众进行沟通，并将事件的进展公之于众，接受民众监督，按照相关法律法规进行有效问责。

4）井喷爆发期，整个事件越过临界点，进入环境群体性事件阶段。

此时形势呈现井喷式爆发状态，一发不可收拾。大规模的散步、堵塞道路等集体行动出现，且若地方政府应对不力，则在很大程度上会出现暴力冲突、冲击政府部门等行为，且呈现出反复多发的特点。此时，政府更愿意和倾向于采取跟民众进行协商谈判或召开发布会公开信息等策略去防止事态的进一步恶化。新闻媒体亦会持续跟进整个事件的进程，以满足社会大众对事件的知情权和持续关注的需求。在民众的诉求得到一定程度的回应后，已形成的话语和情感固着或暂时消退，行动者的重点转移至如何解决实际问题，满足自身的利益诉求。但若未得到回应，则会持续激化。在这一时期，存在着反复发生恶性循环的风险。若民众的诉求得到一定程度的满足，民众的情绪得到有效疏解，则事态会逐步停止恶化，回归平静，反之则否。

5）回落平静期，整个事件归于平息，民众恢复日常生活。

在事件平息之后，新闻媒体对事件的关注度明显降低，只有部分媒体会关注事件后续的发展，事件的热度锐减，民众的注意力又转移至下一个社会热点和焦点。运动动员暂停，民众回归原子化的个人生活中。话语和情感亦暂时退出或被暂时遗忘，但其并未消失，将来若一旦类似事件再次启动，其会"卷土重来"，重新嵌入整个事件中，作用于整个事件中。

1.1.3　环境信访基本概念与理论基础

（1）信访

信访，是指公民、法人或者其他组织采用书信、走访等形式，向各级人民政府反映情况，提出建议、意见或者投诉请求，依法由有关行政机关处理的活动（《信访条例》2005）。信访是公民参与政治、表达诉求的社会政治活动，作为中国特有的政治沟通制度，信访制度更是社会主义民主制度的有机组成部分，是实现和维护人民当家作主政治权利的具体形式。相对于高成本、超烦琐的司法程序来说，信访为公民提供司法行政中的补救，以保护其利益，在沟通政府与群众、化解社会矛盾、接受群众监督等方面发挥着越来越重要的作用。

（2）环境信访

环境信访是信访工作的一种内容形式，它是指公民、法人或者其他组织采用书信、电子邮件、传真、电话、走访等形式，向各级生态环境行政主管部门反映环境保护情况，提出建议、意见或者投诉请求，依法由生态环境行政主管部门进行处理的活动（白慧玲，2017）。环境信访工作不仅是环境保护工作的重要组成部分，也是生态环境主管部门听取群众环境保护呼声、了解公众环境保护要求的重要渠道，是帮助群众解决实际问题，对群众进行环境保护宣传、教育和引导的重要手段。2015 年 1 月 1 日起实施的新《环境保护法》第 57 条明确规定："公民、法人和其他组织发现任何单位和个人有污染环境和破坏生态行为的，有权向环境保护主管部门或者其他负有环境保护监督管理职责的部门举报。"

（3）信访制度

信访制度则是以信访活动为核心设计的相关制度。广义的信访制度是由国家层面设计、确定的，由公民向国家机关提出利益诉求的一种运行规则（张鑫磊，2016）。可见，信访制度对信访人、被信访对象会产生高度的规范、约束作用。信访制度属于一种辅助的政治法律制度，是中国特色社会主义制度的有益补充，其承载了党和政府增加政治认同、倾听群众呼声的执政理念，是衔接国家与社会的基础性治理制度（林华东，2018）。

（4）人民主权理论

信访制度的政治理论基础就是人民主权理论。《中华人民共和国宪法》规定，中华人民共和国一切权力属于人民。人民依照法律规定，通过各种途径和形式，管理国家事务，管理经济和文化事业，管理社会事务。同时规定一切国家机关和国家机关工作人员必须依靠人民的支持，经常保持同人民群众的密切联系，倾听人民的意见和建议。中华人民共和国公民对于任何国家机关和国家机关工作人员，有提出批评和建议的权利；对于任何国家机关和国家工作人员的违法失职行为，有向国家机关提出申诉、控告或者检举的权利；但是不得捏造或者歪曲事实进行诬告陷害。2017 年，习近平总书记对全国信访工作作出重要指示："各级党委、政府和领导干部要坚持把信访工作作为了解民情、集中民智、维护民利、凝聚民心的一项重要工作，千方百计为群众排忧解难。"习近平总书记在河南兰考调研时指出：把各种渠道的群众反映综合起来受理和解决是一个好做法，既要注重提高办事效率又要建立长效机制。

（5）群众路线理论

群众路线，就是一切为了群众，一切依靠群众，从群众中来，到群众中去。群众路线是毛泽东思想活的灵魂之一。群众路线是我们党的根本政治路线和组织路线。只有不断增强服务群众的自觉性，把群众工作做得细而又细、实而又实，才能有效夯实巩固党群干群基础，永葆党的青春活力和战斗力，才能切实解决联系服务群众"最后一公里"问题。正如党的十九大报告指出，"我们党来自人民、植根人民、服务人民，一旦脱离群众，就会失去生命力。必须坚持人民主体地位，坚持立党为公、执政为民，践行全心全意为人民服务的根本宗旨"。

信访制度设立的初衷就是为了要了解民情、把握民意，及时了解群众的所思所想，了解群众对党的政策、政府的工作满意不满意，高兴不高兴。习近平总书记 2014 年 2 月在《关于办理群众给习近平同志信件情况的报告》中批示："群众给我的来信来电是我倾听群众呼声、了解群众疾苦的重要渠道，办理好这些信电是坚持走群众路线、保持并密切同群众联系的重要体现，我历来十分重视。"由此可见，群众路线理论是信访的重要理论基础。信访工作所体现的职能就是密切联系群众，解民忧，疏民难（金威威，2019）。

1.2　国内外研究现状

1.2.1　"邻避"效应的国内外研究现状

1.2.1.1　国外"邻避"效应的研究现状

(1) 国外"邻避"效应的发展历程

国外"邻避"冲突的出现和对其开展的相关研究均较早。20 世纪 60 年代，美国出现了反对建设垃圾填埋场、毒性废弃物处理场等"污染性设施"的一系列"邻避"运动，随后越来越多的抵制事件发生在其他公共设施建设中，如停车场、戒毒中心、流浪汉收容所、医院、监狱等，由于担心环境污染、公共安全甚至是房屋价值受到影响等问题，居民们开始反对政府或发展商在自家附近兴建"邻避"设施，使此类设施的兴建陷入无法推动的僵局。到了 20 世纪 80 年代，"邻避"运动愈演愈烈，进入了"邻避"冲突的高发期，被称为美国的"邻避时代"。同时期，英国、瑞典、荷兰等欧洲国家对核废料的储存选址问题发起了激烈的"邻避"抗议。进入 20 世纪 90 年代，"邻避"运动相继在日本、韩国等亚洲地区出现。

针对不断出现的"邻避"现象，1977 年，由美国学者 O'Hare 等（1977）最早将"Not in my backyard"（不要建在我家后院）的概念引入学术界，标志着"邻避"概念的形成，指某一区域居民因担心某些建设项目对身体健康、环境质量和资产价值等带来负面影响，产生担忧和嫌恶情结，并采取坚决、强烈甚至情绪化的集体反对行动或抗争行为。Deer 于 1992 年提出"邻避"运动是居民们在面对即将建设在自己居住点周边不被欢迎的设施时所做出的某种应对措施和行为（Minde，1997）。Vittes（1993）认为"邻避"情结有三层意思：第一，它是一种全面性地拒绝被认为有害于社区民众生存权与环境权的公共设施之消极态度；第二，"邻避"态度基本上是环境主义的主张，它强调以环境价值衡量是否兴建公共设施的标准；第三，"邻避"态度的发展不需有任何技术层面的、经济层面的或行政层面的理性知识，它的重点是一项情绪性反应。爱尔兰学者 Hunter 和 Leyden（1995）认为，"邻避"冲突反映的是公众的趋利避害、不顾全大局和他人利益的心态，与他们进行理性的对话很难起到劝阻的作用，他们通过参与环境议题，名义上表达整个社区的环境意愿，实际上主要关心个人利益。英国学者 Burningham（2000）指出，民众在"邻避"冲突上的反对态度合情合理合法，政府开支、可持续发展和社区参与等问题与民众的态度息息相关。Patrick 等认为"邻避"是指在面对一些包含嫌恶性设施建在其住所附近时呈现的一种反对态度，其结果往往导致项目被迫取消（风笑天，2005）。另有学者指出，当"邻避"设施导致社区生活质量下降时，居民会产生"退出"或"发声"两种反应。退出指人们可以停止使用某种产品、搬到其他地方、找另一份工作；发声指进行抗议、提出抱怨、或者呼吁改变。在"退出"策略不可用的情况下，居民便会转向"发声"策略，即政治行动。

（2）国外"邻避"冲突的成因

国外学者分别从经济学、政治学、公共政策管理学、心理学等多重视角对"邻避"冲突的成因进行了一系列研究。有学者从经济学的角度指出"邻避"设施的建设会对附近居民造成房产贬值、环境恶化、社区形象受影响、企业撤资等经济利益损失，居民为了维护自身利益便会联合起来进行抗争运动。也有学者从政治学角度指出，邻避冲突是特定个体或群体与政府公共部门即"少数与多数"之间矛盾的体现。现代民主制度中少数服从多数的原则，有时会造成多数人做出的决策实际上是与少数人利益相悖的，甚至需要牺牲少数人的利益来使得多数人受益。而当这种成本与收益差异大时，少数人就倾向于对此进行强烈的反抗。Kuhn 和 Ballard（1996）对加拿大四个污水处理厂的建设进行对比研究发现，基于严格的技术标准建设的两个污水处理厂遭到强烈的反对和抵制，而基于决策机构分权明确和广泛的公众参与而建设的两个污水处理厂没有遭到反对和抵制，由此认为公开、公正、民主和开放等政治因素是决定邻避冲突发生与否的主要原因。美国著名公共管理学者 James. Q. Wilson 从政策利益结构分布理论视角，认为邻避冲突的根本原因是公共政策目标方案中的利益和成本分布失衡，即呈现成本集中-利益分散的"奥尔森模式"，设施周围的居民会因自身利益与成本的失衡而产生邻避情结，进而导致邻避冲突（孟薇和孔繁斌，2014）。Fischer（1993）从公共政策的视角认为政府在运用现代专家辅助决策方面的合法性不足是邻避冲突产生的原因。专家决策无法建立起公民对于公共政策正当性的认同，公民无法接受专家对于邻避设施的界定方式和选址决策。Cowan（2003）在对英国邻避案例的研究基础上认为政府的封闭决策是邻避冲突的原因，居民的需求在封闭决策模式下得不到满足，由此引发了邻避冲突。Morell（1984）从心理学视角分析了居民对邻避设施采取反抗和抵制的缘由，是因为居民担心邻避设施可能会影响自身的健康、生命和财产安全，进而促使居民心理上产生一定的"恐惧感"和"剥夺感"，邻避冲突由此产生。也有研究人员从社区公众的邻避运动中归纳出邻避冲突的成因主要有环境污染、健康威胁与预期恐慌、控制能力丧失与无力感、压力及生活形态的破坏、信任感的丧失，等等。

（3）国外"邻避"问题治理路径

国外发达国家在处理"邻避"问题中积累的经验优势和各国在不同社会环境下解决"邻避"问题的特色风格，是我们在研究"邻避"效应社会治理路径时的重要借鉴。国外对于"邻避"效应的治理研究主要围绕司法制度、补偿机制与民主协同治理等几种方式。

首先是司法制度。在国外，"邻避"事件也影响了很多国家的法律制定，通过严格的执行标准来保障公民的权益。美国通过立法、设立相关机构、成立民间社团组织等形式，保障公众在"邻避"项目中的参与权，提高公众在与政府、企业互动过程中的地位，为公众争取自身利益提供合理合法的有效渠道。其中有代表性的是：①1970 年成立了美国环保署（EPA），并根据美国国家环境政策法（NEPA）成立了国家环境质量委员会（CEQ）（Petrova，2016），在环境控制方面对"邻避"设施进行监管，在降低"邻避"设施对环境污染的过程中满足公众对环境保护的需求和对"邻避"设施环境正义的信心。②1990 年，美国制定了（邻避）设施设置准则（Facility Sitting Credo），明确要求在"邻避"设施建设的整个过程中必须有一个基础广泛的公众参与过程（陈佛保和郝前进）。并于2002 年、2006 年分别出台了《环境影响评价法》和《环境影响评价公众参与暂行办法》，以法律的形式规定和保障了美国民众在对环境有影响的"邻避"设施建设中的公众参与权。③美国有众多的环境保护组织为受到"邻避"设施影响的民众提供司法救济，以保障民众的有效权利。加拿大在解决"邻避"问题的过程中，环保法律授权当地政府组织召集决策讨论会，建立危险设施的信息披露制度，并在法律层面规定各相关利益主体搜集和使用相关证据的平等权利。韩国颁布了《促进区域性垃圾处理设施建设法》，对选址问题、程序、征地和环境补偿，以及设施运营机构等规定了法律内容（Saha and Mohai，2005）。

其次是补偿机制。美国学者 Carnes 等（1983）研究认为补偿对于"邻避"冲突的解决极为重要，如可以通过减免房地产税、不动产税费，或者对企业征收排污税来补偿利益受损的居民，也可以给利益受损方提供除物质以外的就业、体检等服务保障措施。在国外，政府通常不直接参与到社区利益协定的签订中，而是作为中间人鼓励开发商与民众达成协议。一般国外补偿机制是开发商或企业给予特定地区公众不同于其他地区的特殊利益，比如直接资助、创造工作职位并优先聘用、建立监督协会监督自身污染情况等方式。美国利用市场经济下的自由竞争原则，创新选址程序，运用"志愿+竞争"的选址方式提升了公众参与的质量和效率，并将曾经由政府、企业制定的补偿措施转换为由公众参与的"拍卖"方式下确定的补偿措施（曹巍，2019）。

再次是民主协同治理。Mmanian 和 Morell（1990）认为，公众对于"邻避"设施的反抗行为主要是由于对项目管理者和政府的不信任。针对这种问题现象，落实政府–企业–公众多元主体协同治理与公众参与是解决的根本途径。Barry（1994）认为，随着国家民主政治的深入，一些国家在治理"邻避"事件时也贯彻了民主决策思想。某些经验表明，"邻避"设施建设或者是治理过程中纳入"由下至上"的决策模式有利于避免或缓解冲突。Mcavoy（2010）认为，公民和政府官员之间的冲突多集中于价值观而非技术问题，建立通过公众参与、动态协商民主的决策过程，为公众和政府之间的相互理解提供了可能，为促进解决问题提供了良好的环境。Devine-Wright（2011）认为，解决"邻避"冲突应包括理念及实践模式两方面的转变，在理念方面，通过平等、尊重、透明的多方交流，改变居民对邻避设施的非理性偏见；在实践方面，通过改变传统的单向反馈交流方式，如网站投票、电话热线、问卷调查等，而要推广新型的、多样化的双向交流对话参与模式，如公民会议等。国外"邻避"冲突的协商治理还体现在鼓励发挥第三方社会组织的作用，例如环保团体。这类团体可以站在中间方的角度运用人性关怀和专业知识，调解"邻避"冲突事件中政府和社区的矛盾、企业和社区公众之间的矛盾，对于"邻避"事件的走向是具有至关重要的作用的。Feinerman 等（2004）通过案例分析，认为利益相关方的参与可以使政府多角度考虑问题，可以避免政府决策"一刀切"的现象。西班牙学者 Heras-Saizarbitoria 等（2013）认为公众参与的模式虽然短期来看费时费力，但从长远的角度来看对于"邻避"冲突的妥善解决具有十分重要的作用。

1.2.1.2 我国"邻避"效应的研究现状

（1）我国"邻避"效应的发展与治理历程

20 世纪 80 年代起，中国台湾居民针对中小型工业区、石化业及核能业、电厂与垃圾焚化炉等项目设施的兴建采取激烈的示威、围堵或自力保护等方式进行抗争，中国台湾早期的"邻避"运动口号是"鸡屎拉在我家后院，鸡蛋却下在别人家里"。中国大陆地区从 2000 年开始，随着垃圾填埋场、输电线路及变电站、交通设施等"邻避"设施的大量兴建，也引发了各地公众的"散步""静坐"等各种形式的反对行动。相比于国外"邻避"运动已处于反对戒毒治疗中心、养老院等"非污染性设施"阶段，我国"邻避"现象出现较晚，目前尚处于反对"污染性设施"阶段，主要集中在垃圾焚烧发电、PX（对二甲苯）项目等重化工、核电等。

综合考虑"邻避"事件发生的时间、频率、影响范围和政府开展的应对工作，我国"邻避"事件的发生演变经历了一个由潜伏到爆发再到有所缓和的历程，我国政府应对观念也由应急式、维稳式逐渐向寻求共识转变。即"邻避"发展演变和对应的治理历程大致可分为三个阶段，即潜伏阶段（2006 年以前）——应急式"邻避"应对模式、爆发阶段（2006～2012 年）——维稳式"邻避"应对模式、相对缓和阶段（2013 年以来）——共识式"邻避"应对模式。

潜伏阶段（2006 年以前）——应急式"邻避"应对模式：2006 年以前，"邻避"事件虽偶有发生，但社会主体更多地关注城市建设的速度与规模，由"邻避"设施引发的社会矛盾被快速的城市建设掩盖。此时，"邻避"相关的概念尚未在国内引起广泛的认知，零星的"邻避"事件影响程度与范围有限，尚未引起社会广泛关注。这个阶段，我国对于"邻避"问题的政策应对主要依赖于"粗线条"的法律框架，具体的"邻避"规范和政策尚未制定。各级政府的"邻避"应对理念具有较为明显的应急式色彩，将"邻避"事件视为"环境信访矛盾"，更多是针对已发生的"邻避"事件，见招拆招地解决"邻避"基层群众的利益诉求，缺乏规范化式应对程序和回应式民意沟通。

爆发阶段（2006~2012年）——维稳式"邻避"应对模式：2006~2012年，"邻避"设施成为城市建设中的主要矛盾焦点，由此引发的"邻避"事件的爆发次数快速增长、出现次数日益频繁、涉及领域明显扩张、社会影响显著增强，诸如PX项目引发的"邻避"事件如多米诺骨牌般在厦门、大连、宁波等地爆发，垃圾焚烧设施、变电站、化工厂等具有一定负外部性的设施都可能成为"邻避"冲突的焦点。依托QQ、微信、微博等网络社交平台，"邻避"事件在互联网等新兴技术条件的加持下，正获得越来越广泛的社会关注。"邻避"事件越来越成为影响社会稳定的现实挑战。面临"邻避"问题所带来的社会压力，我国各级政府逐渐意识到"邻避"设施建设的特殊性，在"邻避"应对方面逐步建立起程序性、规范性应对模式，但依然习惯于强硬的维稳处置方式。通过分析2006~2012年发生的"邻避"事件，可以发现，由政府强制推进所引发、迫于民意叫停项目成为"邻避"事件的常态结果。政府自视为"邻避"设施决策的唯一主体，未进行充分沟通就采取强制性手段推进设施的建设，由此引发民意的强烈反弹。

相对缓和阶段（2013年以来）——共识式"邻避"应对模式：2013年以来，我国"邻避"事件集中爆发的趋势有所缓和，"邻避"设施如洪水猛兽般的污名化形象有所淡化，社会各主体逐渐以理性的态度看待"邻避"设施。党的十八届三中全会以来，完善和发展中国特色社会主义制度、推进国家治理体系和治理能力现代化上升为全面深化改革的总目标。在积累了大量"邻避"事件应对经验的基础上，我国政府正逐渐意识到共识的达成对"邻避"事件的化解具有重要意义，并逐步尝试着回应民众的参与要求、利益诉求，在不断做实群众工作的基础上，试图打破"一建就闹、一闹就停"的"邻避"困境。这一时期，对"邻避"设施的选址、建设及运营的技术规则政策日臻完善，对弱化"邻避"设施负外部性具有积极作用。同时，我国政府逐渐意识到"邻避"决策相关信息的披露和积极的公众参与已逐渐成为获得民众谅解与支持的重要前提，政府决策理念正朝着公开、透明的方向进行转变，努力让"邻避"设施与居民、社区形成利益共同体，变"邻避"为"邻利"，意识到只有在尊重民意的基础上达成"邻避"设施的建设共识才符合地区发展的长远利益。

（2）我国"邻避"效应的研究进展

我国对"邻避"效应的研究起步于20世纪90年代，最初的研究主要集中在中国台湾地区，直到2000年以后才初步成形。在中国知网数据库中，以"邻避"为主题词进行检索，共检索到2000余篇文献，1990年开始零星出现相关文献，2006年仅有1篇文献，自2012年开始，"邻避"文献日渐丰富，在2014年呈现井喷态势，并于 2017 年达到顶峰，达 347 篇，2018 年、2019 年、2020 年分别为 288 篇、274 篇、140 篇。可见在当前国内"邻避"冲突日益频发的现状下，国内学界对"邻避"问题及其治理研究正逐步成为热点。

我国学术界的"邻避"研究可分为四个阶段：研究启蒙期（2006～2011年）、研究推进期（2012～2013 年）、研究深化期（2014～2017 年）、研究沉淀期（2018 年以来）（王冠群和杜永康，2020）。

第一阶段是研究启蒙期（2006～2011 年），该阶段年度文章发表量皆低于 5 篇，但其影响力和学术价值却极高。标志性文章是何艳玲发表的《"邻避冲突"及其解决：基于一次城市集体抗争的分析》和《"中国式"邻避冲突：基于事件的分析》以及陶鹏等的《邻避型群体性事件及其治理》，这些文章结合国内的社会现实引入了"邻避"冲突研究。伴随着"番禺事件""厦门 PX 事件"等"邻避事件"引发的强烈反响，自 2010 年开始，国内的大批学者开始关注"邻避"这一新兴领域，研究成果也日益丰硕。总体来看，这一时期的研究主要聚焦于"邻避"相关的概念研究，为后续"邻避"研究的推进夯实了理论基础。

第二阶段是研究推进期（2012～2013 年），研究启蒙时期的积淀，为该阶段的厚积薄发做了铺垫。"大连 PX 事件"爆发，引发数万人街头"散步"，"邻避"问题再一次引起政府和学者的高度关注，在"邻避"基础研究之上，重点探索"邻避"冲突的社会生成机制。现阶段我国由于巨大的社会变迁，存在一定的社会风险，社会形态扩展了公共政策和重大项目建设的传统边界，"收益-风险"比将逐渐取代"成本-收益"比，成为公共政策制订和重大项目建设的重要标准（童星，2010），居民对"邻避"设施的风险感知被认为是"邻避"冲突产生的重要诱因。此外，"番禺事件""大连 PX 事件"等"邻避"事件中凸显出的公众参与的缺失、新媒体的动员受到学者的重点关注。因而，"公众参与""新媒体""环境正义""风险认知"等视角相继被提出。总体来看，这一时期的研究对"邻避"问题进行了宏观的建构，为"邻避"冲突的后续研究指明了路向。

第三阶段是研究深化期（2014～2017 年）。研究推进时期的学者致力于从不同角度探求"邻避"研究进路，而基于某一视角的深入剖析较为薄弱。到了深化阶段，迅速崛起的经济社会对"邻避"设施的需求日益强烈，各地"邻避"设施建设的如火如荼以及"邻避"冲突的此起彼伏，"邻避"问题已经引起政府和学者的高度重视，愈来愈多的学者投身到研究队列之中。关于"邻避"冲突的风险管理研究达到了高潮。2014 年 9 月 21 日，习近平总书记在庆祝中国人民政治协商会议成立 65 周年大会上，全面系统地阐述了协商民主思想，指出社会主义协商民主是中国特色社会主义民主政治的特有形式和独特优势，找到全社会意愿和要求的最大公约数，是人民民主的真谛。社会主义协商民主思想为愈演愈烈的"邻避"冲突提供了新的研究进路和理论指导。此外，环境正义研究延伸出的新流派——空间正义、协商和空间正义等研究视角被提出并渐趋火热。总体来看，这一阶段关于"邻避"冲突的研究有效弥补了推进阶段研究深度不够的缺陷，在研究路向的探寻上也颇有建树，关于"邻避"研究的学者规模和成果产出都达到了巅峰，并向着多角度、深层次的方向持续迈进。

第四阶段是研究沉淀期（2018 年以来），2018 年开始，与"邻避"相关的文献产出小幅下滑，但研究成果愈发厚重、精炼。这一阶段的"邻避"冲突研究演变呈现出两种特征：一方面，基于社会和谐的需要以及前 3 个阶段"邻避"冲突的"前车之鉴"，政府逐渐意识到"全能型"政府在应对"邻避"冲突时往往没有较好的对策，转而寻求积极主动的民众参与来化解"邻避"风险；另一方面，互联网以及新媒体在"邻避"冲突演变的过程中扮演着愈来愈重要的角色。因而，这一时期"邻避"领域的研究主要围绕"邻避治理""公众参与""政府回应""协商治理""共建共治共享"以及"新媒体"等路径展开。总体来看，这一阶段的"邻避"研究的诸多视角研究趋向成熟，研究成果愈发深邃和科学，为后续的研究积蓄了力量。

（3）国内"邻避"研究的多学科视角分析

"邻避"问题属于多学科的交叉课题，我国学者近年来主要从公共管理学、政治学、社会学、经济学、心理学、传播学等角度对"邻避"问题的理论基础、过程分析和治理对策等方面展开研究。主要观点归纳如表 1-1。

表 1-1　不同视角下"邻避"问题研究观点和方法

学科视角	理论方法	主要观点
公共管理	城市规划	"邻避"设施本身就是城市规划的重要关注点和难点，"邻避"问题的出现在一定程度上是由于"邻避"设施技术属性和社会属性之间的矛盾造成的。技术理性与人文关怀之间对立的价值导向在一定程度上体现了城市规划技术属性与"邻避"设施社会属性之间的冲突。城市规划的先导性赋予了规划实践预防"邻避"冲突的可能（王佃利等，2017）
	空间理论	"邻避"设施的生产是一种具体的空间生产，空间正义是"邻避"设施生产过程中应当遵循的核心价值取向。当"邻避"设施生产偏离正义原则时，将必然引起"邻避"设施所在居民的空间抗争（王佃利等，2017）

学科视角	理论方法	主要观点
公共管理	行政伦理制度化	在"邻避"冲突治理中,为重塑政府公信力,把一定社会的伦理原则和道德要求提升、规定为制度化、规范化、法律化,有助于从制度上保障行政人员坚守伦理自主性而做出符合公共利益的行政行为(张乐,2017)
	社群联盟与增长联盟理论	在"邻避"事件中,公众是社群联盟的主力,而政府和设施建设运营方则主导着增长联盟。双方利益分歧,根源是"邻避"设施的双重属性。对于地方政府而言,许多"邻避"项目的上马,实际是作为区域发展蓝图的"拼图"之一,公众的反对不再只是为了居住和生存,而是作为公民,要求自身的公民权利得到承认和尊重(王佃利等,2017)
政治学	集体行动理论	公益性项目建设与运营中所出现的"邻避"效应,是追求公共利益最大化和政策成本最小化的政府在民主行政的条件下不可回避的决策困境。分析了"邻避"效应的经济性补偿和社会心理性补偿的关系,根据集体行动理论和"邻避"效应的特征,在中国国情条件下,公民参与的制度选择倾向采取法团主义的模式,提出审慎运用公民参与来实现公益性项目外部效应的内部化(汤汇浩,2011)
社会学	风险社会理论	在风险社会理论视角下,"邻避"问题正是现代化风险的集中体现,它由现代化风险所引起,其本身也正成为影响社会稳定的重要风险。风险社会理论中的"邻避"风险具有明显的二重属性:一方面,"邻避"问题的产生源自相关设施本身的负外部性;另一方面,人们对相关设施的风险感知是导致"邻避"问题的"催化剂"。风险社会理论为化解我国愈演愈烈的"邻避"问题提供了一个有益的思路(王佃利等,2017)
	社会运动理论	在社会运动视角,"邻避"运动实质上是设施附近居民表达对设施建设的反对诉求和维护自身环境权、健康权、安全权、不动产权等权益的抗争性集体行为
	风险传导理论	"邻避"设施全过程风险传导是指存在于设施内部和外部环境中的风险源所释放的风险,依托于一定的载体,经过一定的路径或渠道,传导和蔓延到设施周围的各个利益相关方处,经过外部环境的催化或者削弱作用,最终造成设施周围公众"邻避"情绪甚至演变成群体性事件的过程
	风险的社会放大理论	"邻避"型设施存在比较明显的风险放大效应。风险产生社会放大源于五大驱动源,具体包括公众感知和价值观、社会群体关系、信号值、污名化和社会信任,并且社会信任对风险社会放大的影响为当公众对有关机构及其管理者不信任或信任逐渐消减时,风险将很容易放大(周丽旋等,2016)

学科视角	理论方法	主要观点
经济学	管制俘获论	地方政府在"邻避"设施规划建设上具有强烈动机
	利益相关者理论	采用博弈论方法分析"邻避"项目利益相关方权力和利益关系以及支持者和反对者之间的互动关系
	空间政治经济学	从空间资源配置的不平等解释"邻避"冲突的根源
	演化经济学	"邻避"运动时"邻避"效应负外部性承担者依据抗争的预期收益和成本比较，并先验预判加入群体抗争，将增加净收益，逐渐演化的过程
心理学	心理参数分析	"邻避"现象被认为是正常的，它是风险社会人类知觉、心理归因交织后产生的复杂现象，其核心特征是不公平，它会潜在地影响人们的幸福感，需要通过社区居民的自卫行为促进生活质量问题的解决
	群体心理学	重点研究心理反应随时间的变化机制，以更加深入描述"邻避症候群"情绪的变动
	心理资本理论	从心理视阈出发，拓展到事件对社会大众的心理影响，并提出以积极的"心理资本管理"代替传统"心理问题防治"
传播学	新闻传播学	从"邻避"运动中抗议者与抗议对象的具体镜像在媒体文本上的呈现角度出发，分析媒体的报道策略，"邻避"事件报道呈现出一种抗争新闻范式，具体表现在新闻框架、消息来源与报道倾向
	舆情管理学	"邻避"冲突具有网络舆论传播特点
	传播扩散理论	中国环境抗争的扩散效应出现在不同"邻避"运动之间，它们在运动剧目、运动框架、组织形式等方面表现出了高度的相似性

　　我国"邻避"冲突治理研究主要有三个方面：一是治理手段，有社会心理补偿、风险减轻、经济诱因、生态补偿回馈等政策组合等。二是治理机制，提出利益补偿机制、公共参与机制、信息公开机制、社会信任机制、环保监督机制及社区化解冲突机制（赵小燕，2014；周丽旋等，2016），从风险信息披露、去污名化、热议期的舆情应急等方面弱化风险（辛方坤，2018），建立具有综合性、主动性、全程性的"邻避"风险治理战略框架及不同治理阶段的核心配套机制（陶鹏和童星，2010）。三是治理模式，建立现代化的"邻避"治理体系，实现民主协商治理，提倡地方政府、设施建设运营方、地方公众、专家学者、新闻媒体（包括传统媒体、网络意见领袖、自媒体平台等）相关利益方多元协作共治（王伯承，2018；王佃俐，2017），注重风险沟通与政府职能优化对接（谭爽和胡象明，2014），依靠共识会议作用机制，实现共建共治共享（陈宝胜，2012）。

现代化的"邻避"治理体系也意味着从"末端治理"转向"预防治理",从设施规划选址开始就预防可能引发的"邻避"冲突,通过制度化的利益平衡机制和开放式的公共决策机制,尽可能避免事件升级,将"邻避"冲突治理前置(王佃利,2017)。

(4)我国"邻避"冲突的成因

我国"邻避"冲突形成的原因是多方面的、复杂的,既与"邻避"设施本身有关,也有其他外部的影响。具体体现在以下几方面。

Ⅰ. 经济因素

经济因素是"邻避"冲突发生的主要原因,由"邻避"型公共设施产生的利益冲突是由个体经济效用高低差异引起的。"邻避"公共设施的兴建利益由社会共同享受,设施服务所覆盖的所有个体的经济效用都会因公共产品的提供而增加,但"邻避"设施的负外部性带来的不对称成本收益结构,可能造成周边环境污染的加剧、交通出行的不便、房地产的贬值,使当地的经济恶化,间接造成当地经济的损失,会使邻近"邻避"设施的个体觉得他们是为其他多数个体的经济效用增加买单,与同样享受该项设施服务的其他人相比,自己的经济效用的增加显然低于其他个体。个体的自利性与经济效用高低差异,是"邻避"设施负外部性引发"邻避"冲突的经济基础。如果设施附近的居民没有得到合理的补偿,就会在不公平感和被剥夺感下为了维护自己的利益,与政府或企业产生冲突(徐祖迎和朱玉芹,2018)。

Ⅱ. 政治因素

从政治学角度看,"邻避"冲突是特定个体或群体与政府公共部门即"少数与多数"之间矛盾的体现。中国台湾学者张震东在《正义及相关问题》中提到,民主国家崇尚自由平等和"少数服从多数"的原则,但实际实行中却往往演变成"多数总是对的"的道德权威甚至造成所谓的"多数暴虐",即以多数的名义而滥用权力来压制少数。现代民主制度中少数服从多数的原则,有时会造成多数人做出的决策实际上是与少数人的利益相悖的,甚至需要牺牲少数人的利益来使得多数人受益。而当这种成本与收益差异大时,少数人就倾向于对此进行强烈的反抗。"邻避"设施通常是政府部门主导决策下的公共权力行为,代表了公共利益。然而,"邻避"设施周围的居民这部分个体或群体遭受利益损失,因此,他们会与主导设施兴建的政府公共部门产生矛盾。这种矛盾表现为居民对政府决策能力、决策程序、决策行为的质疑、不信任乃至反对,特别是决策程序的不透明、不公开化,民众被排除在"邻避"设施建设的决策之外，很多时候政府为了掩盖"邻避"设施的负面效应，采取"包""捂"等方式封锁信息，使广大民众不能够及时有效地了解真实情况。有些政府在决策过程中，重视"环评"而忽视民意，重视预期效益而忽视政府公信力，以科学的名义为民做主，实质上损害了公民的知情权、参与权和决策权。有时民众诉求的焦点不在于未得到合理的补偿，而在于政府在"邻避"设施决策中，忽略了居民的主体地位，不尊重居民的参与权力，缺乏完善有效的政策参与、利益协调以及监督反馈过程，最后演变成居民利用抗争的手段表达诉求、参与决策。

Ⅲ. 社会因素

从社会学角度看，随着人民生活水平、受教育水平的提高，人民的环保意识和权力意识逐渐增强，公民对自身的环境权益越来越重视，甚至上升到"环境正义"的地步。"邻避"冲突实质上反映了社会公共利益与居民个人利益的对抗。"邻避"设施的规划选址、建设运营主要出于满足区域内广大市民的集体公共服务需求，但是在这一过程中，往往牺牲了"邻避"设施周围区域居民的利益，相当于以社会整体福利提升为理由，客观上导致某些个体或群体承担社会整个消费的成本，实际上这属于社会公平问题。要求"邻避"设施周边居民不对称地承担公共利益的成本是不公平的，这也是"邻避"设施选址、建设、运行过程中爆发群体性事件的社会原因。

Ⅳ. 心理因素

居民从心里认定"邻避"设施存在的潜在风险可能会威胁他们的身体健康甚至生命安全，由此产生出的恐惧感和相对剥夺感支配着他们的反抗情绪及行为。公众往往在对"邻避"设施并不完全了解的情况下，很容易夸大其负面影响，进而产生偏离专家预估的风险感知。居民对"邻避"设施的恐惧更多来自受害者的经历，历史上发生过不少"邻避"事件，如能源泄露、垃圾污染、环境资源遭到破坏等，使得他们都强烈反对邻避设施建在自家附近。在一些地区，"邻避"设施的兴建甚至会造成当地居民产生自卑心理。另外，人们对"邻避"设施的不信任来自对政府的不信任，对厂商的不信任，甚至是对专家的不信任。有研究显示，如果没有公开的"邻避"设施选址过程，一旦居民得知某"邻避"设施选中其社区作为兴建地的时候，在无心理准备的情况下，第一反应必定是在诧异与愤怒的支配下抗争到底。这种极端化的情绪反应可能很快关闭各方面理性协商和沟通的大门，埋下互不信任的隐患。再次，"邻避"设施周边的居民会产生一种不公平感和被剥夺感，为什么受伤的是我而不是其他人，为什么牺牲的是我而不是其他人，大部分人享受利益，而风险却由我们少部分人承担，为什么不能换个地方，在这种不公平感的支配下很容易激起民众的强烈反对，处理稍有不慎就会引起"邻避"冲突。

（5）新时期我国"邻避"问题的新内涵

"邻避"问题是新时代我国社会主要矛盾的典型体现。党的十九大报告指出，中国特色社会主义进入新时代，中国社会的主要矛盾已经转化为人民日益增长的美好生活需要和不平衡不充分的发展之间的矛盾。"美好生活需要"不仅包括既有的"日益增长的物质文化需要"这些客观"硬需求"，更包括在此基础上衍生出来的获得感、幸福感、安全感以及民主、法治、公平、正义、安全、健康等更具主观色彩的"软需求"。人民更加注重知情权、参与权、表达权、监督权，参与社会治理的意愿强烈，人民群众因担心或已受到空气污染、噪声污染、电磁辐射、生态景观破坏等环境问题而产生信访矛盾、网络舆情或群体性事件等集体维权行为已成为环境社会风险的常见现象。在新时代背景下，"邻避"问题的化解不仅仅需要传统所理解的金钱、物质的补偿，更多包含着如何通盘考虑项目所涉及不同利益方对于民主、法治、公平、正义、安全、健康的需求。

"邻避"现象是社会文明进步的客观表现，并将逐渐常态化。"邻避"设施本身是科技和工业进步的产物，是社会发展的"必需品"。"邻避"效应并非社会发展的"不安定因素"，也并非制约政府职能和社会效益的"负能量"，是城市发展、权利意识等多元诉求的碰撞，是社会进步、利益分化的客观表现，也是一个政治开放与包容社会的常态。它是衔接不畅、配套缺失、历史遗留、补偿标准、社会心理、公共话语空间、民意表达机制等多重因素而引发的公共政策的副产品。以此为契机可以使各级政府加快经济体制机制改革，促进改革创新，加快推进环境社会治理体系与治理能力现代化，构建政府为主导、企业为主体、社会组织和公众共同参与的共建共治共享体系，探索新时代中国特色的"邻避"问题解决路径。

"邻避"治理是坚决打好防范化解重大风险攻坚战的重要环节。在习近平新时代中国特色社会主义思想指导下，防范化解重大风险攻坚战将是打好三大攻坚战、决胜全面建成小康社会的前提，体现了强烈的问题导向和底线思维意识。作为当前易引发重大社会稳定风险的"邻避"问题，系统做好预防和化解工作，是坚决打好防范化解重大风险攻坚战的重要环节。要做好"邻避"工作，首先是要将之放到新时代三大攻坚战的整体战略部署中，避免某一部门、某一区域的单打独斗，特别是涉及重大国计民生的"邻避"项目，不应是简单的上或不上的问题，而是在国家和区域协调发展的层面进行系统思考、全局部署。其次是要全面认识和把握风险，摸清区域性、行业性"邻避"问题的底数，厘清"邻避"风险形成机理及传导机制，根据不同阶段风险集聚的特点，明确短期、中期和长期风险防控的重点和主要任务，逐步建立覆盖政府、企业、公众等各个利益相关方的风险防范政策体系，为守住不发生系统性风险的底线、打造共建共治共享社会治理格局奠定基础。

"邻避"治理是检验各级政府政治执行力的体现。随着生态文明理念和依法治国理念的深入，标志着中国已逐步进入环境优先的时代，公民环境保护意识开始觉醒，更倾向于拿起法律武器对抗一些建设活动，推动具有中国特色的"邻避"运动走向高潮。在新目标和新形势下，"邻避"问题的出现，进一步说明传统的自上而下封闭式"邻避"决策思路和维稳式冲突解决思路已经跟不上时代发展的需求。由此，对"邻避"事件的应对，需要从传统意义上的"治理邻避"转向"邻避治理"，即在化解"邻避"事件过程中，政府决策的方式应从封闭式决策转向开放式决策，通过协商机制的构建，实现对社会力量的有效动员与吸纳；从"说服教育"转向"政策营销"，通过宣传、价值交换等方式，尽可能采取民众满意的方式而非强制性措施来推行政策；从维稳思维转向合作思维，遵循现代治理理念，促进多元主体通过平等协商机制，构建公平正义的"邻避"问题处理机制，实现"邻避"设施建设中风险与收益、整体与局部的协调发展，推动地方政府、"邻避"设施建设运营方、地方公众、专家学者、媒体代表在项目决策中的共同参与。

1.2.2　环境信访的国内外研究现状

1.2.2.1　国外环境信访的研究现状

国外虽然没有与中国环境信访制度完全相同的制度，也没有相应的词语意义与之完全对应，但国外同样重视公民的权利救济和政治参与等权利的保障。日本、欧美、新加坡等国都有类似我国环境信访制度的民愿表达机制，如：日本的公害调整委员会制度和苦情处理制度、新加坡的民情联系组制度、瑞典议会监察专员制度、法国的调节专员制度以及加拿大的公民投诉制度和环境审计制度等。虽然国外的这些制度与中国的信访制度存在着很多差异，但是对中国的信访制度的发展和完善具有一定的借鉴意义。

（1）日本的公害调整委员会制度和苦情处理制度

日本和我国一衣带水，由于地缘关系，再加上历史上深受中华文化的影响，其公害调整委员会制度和苦情制度应该说和我国的信访制度，在制度设计上以及相应的流程上最为类似。有很多值得我国信访制度借鉴的地方。

出于治理公害和环境保护的需求，日本政府于1970年制定并颁布了旨在补充和完善司法程序的环境纠纷处理制度——环境行政纠纷处理制度《公害纠纷处理法》，其中规定了可以通过斡旋、调解（调停）、仲裁和裁定等行政处理方式解决环境纠纷，并随之建立公害调整委员会制度和公害苦情相谈制度，与我国环境信访制度具有一定相似性。

公害调整委员会制度：由行政机关负责的公害纠纷处理制度。根据《公害纠纷处理法》，确立了由行政机关负责的公害纠纷处理制度。依托于《公害纠纷处理法》和《矿产行业法》等相关法律，中央政府设立了由中央公害审查委员会和土地调整委员会合并而成的公害调整委员会，专门用来处理公害纠纷（原田正纯，2007）。在行政设置体制上，上级行政部门设立的是公害等调整委员会（简称公调委），下级行政部门都道府县和市、町、村（包括特别区）设立公害审查委员会，公害调整委员会与公害审查会之间不是上下级之间的关系。其管辖权由法律根据事件的性质加以区分。日本《公害纠纷处理法》第24条：中央委员会负责管辖有关以下各项所述纠纷的斡旋、调解和仲裁：①重大事件纠纷，即环境污染严重影响人们的生理健康或其他方面产生的严重灾害，被涉及利益的人数众多的环境纠纷；②广域事件纠纷，即环境纠纷涉及的区域较大，一般认定跨越两个或两个以上都道府县。除前两项所述纠纷，实施企（事）业活动及其他人为活动的场所与伴随该活动所产生的公害危害是在不同的都、道、府、县区域内，或者这些场所的一方或双方是在两个以上都、道、府、县地区的公害纠纷。

公害苦情制度：公害苦情制度是指公民遇到已经或将要发生的环境侵害时，可向政府设立的专门机构（通常为环境保护主管机关）提出公害苦情陈诉，以此寻求问题解决、自身赔偿等。根据日本政府1967年颁布的《公害对策基本法》第49条，都道府县和市、町、村（包括特别区）对于有关公害投诉，可以设置公害苦情（投诉）相谈员，专门处理公害苦情投诉，市民无论什么时候、无论提出什么类型的公害类问题都能在统一的公害咨询窗口提出投诉。苦情处理制度隶属关系明晰、分工明确，各个机关各司其职，各负其责，减少推诿扯皮现象。日本的苦情制度工作人员选拔标准很高，根据不同的行政类别，设有专门的行政机构，专事专办。日本的苦情制度体系完备，出台了许多法律法规保障，明确公害纠纷处置化解、赔偿救济等内容，并且建议公共部门依据相关法律法规采取应对措施。与公害调整委员会相比，更侧重于维护和保障公民的非正式性投诉权利。

（2）加拿大的公民投诉制度和环境审计制度

公民投诉制度：当加拿大公民的环境权益受到损害时，通常会行使公民投诉机制，类似于我国的信访制度。《加拿大环境保护法》规定，任何公民、组织或者法人机构，都可以向加拿大政府提出关于环境保护类问题的申请。他们可以选择向立法机构和政府部门反映意愿，提出诉求、意见或者建议，主要有三种渠道：一是可以通过所在地区的议员代为反映；二是可以通过联邦政府环保局和各省政府环保局专设的投诉机构进行投诉；三是联邦政府和各省政府都设立了专门机构，接受公民对政府及其公务员投诉（陈慧君，2018）。

环境审计制度：《加拿大环境保护法》《加拿大环境评估法》等法律都明确规定公众可以通过电子邮件、传真、写信、填写反馈表等方式对环境保护工作表达意见和建议。值得推崇的是，加拿大在环境审计方面做得非常好。《审计总长法案》第22条规定，当审计总长收到加拿大居民有关可持续发展的环境诉求时，应及时记录该诉求并在15天内将该诉求转交给对应的政府管理部门。收到诉求的政府管理部门应在收到诉求后的15天内将收到诉求的确认函交给环境诉求申请人，并将该环境诉求事项交由本部门的相关负责人员及时处理。加拿大审计总长公署（简称OAG）专门设立了联邦环境和可持续发展专员（简称CESD），是一个专门负责环境审计的机构，CESD根据环境事项的重要性及环境诉求的统计结果来确定环境审计项目，并将审计结果予以公布（游春晖和王菁，2017）。

（3）瑞典议会监察专员制度

瑞典于19世纪初设立了议会监察专员制度，这在全世界范围内亦属首创，这一制度是指由议会选举产生并只对议会负责的高级官员，其主要职责是根据宪法和议会的指令，在各自的监督管辖领域内受理一切控告国家机关和企事业单位及其工作人员的申诉案件，有权进行调查、视察、批评、建议乃至提起公诉（潘若喆，2018）。监察专员制度是三权分立的衍生品，体现着公民权利至上的基本理念。监察专员权力最大，除了调查权、检查权、建议权还具有一定的处罚权和作为法律手段的起诉权，最大的一个特点是瑞典的监察专员是保持政治中立的。现代议会监察专员的职责是以人民权利守护者的身份，确保国家和地方当局适当地遵守并适用法律，在监督公职人员的同时保障公职人员的基本权利和人格不受侵犯。在行使监督权过程中，议会监察专员有权采取一切必要措施，来满足宪法赋予其任务的要求。虽然权力大且范围广，但议会监察专员在出席旁听法院和政府当局会议时，并无权发表自己意见，即不得干预正常行政活动（本特·维斯兰德尔，2001）。

（4）法国的调解专员制度机制

法国于1973年颁布了《调解专员法》，成立了调解专员制度，是在瑞典的议会监察专员制度和英国的议会行政监察专员制度的启发下建立的，是一种行政式的公民申诉制度，是对违法的和不良的行政管理活动设立的一种救济制度。调解专员是一个独立的行政机构，该机构的经费不受一般的财政监管，调解专员的工作不受任何机构和领导人的领导和干扰，调查专员的职务是受到法律保护的，他们的言行是享受豁免权的，非经法定原因不得被撤销，具有广泛的调查和建议权，并能将其改革建议公之于众，很好地监督了行政机关依法行政（胡冰，2003）。调解专员的职能主要分为两个方面：一是解决公共服务的不良运行，受理申诉。这里的公共服务机关包括国家行政机关、地方团体行政机关、公务法人机关以及负有执行公务任务的私人机构。二是对行政改革建言献策。这些改革建议可以是调解专员自己的想法，但大多数是来自各地的代表的意见，通过各地代表反映行政需要改革的地方（刘东刚，2010）。在法国，调解专员在地方有300名左右的代表，这些代表绝大多数是志愿者，只领取微薄的津贴，主要是退休的公务员和公共机构的工作人员，他们有丰富的行政经验，处理事务也很老道。在巴黎调解专员总部，有100多名工作人员，地方事务一般在地方就处理了，只有涉及全国性的问题才会提交到巴黎总部。

（5）德国联邦议院的请愿制度

"任何人均有权以个人或联合他人的方式向适当机关或议会机构提出请求或申诉"，这就是请愿权制度在德国基本法中的表述（德国基本法第十七条）。德国的联邦议院请愿制度设计的宗旨是为被现代庞大的行政体制所压制的公民提供某种形式的援助，以缓和个人权利和公共权力失衡的状态。请愿制度是在议会民主、政党等正式民主渠道外为公民提交议案和建议缔造了民主性的架构。德国的请愿委员会有较大的权力，它既可以要求有关行政机关提供相应的材料，又可以针对请愿的问题进行调查核实，并且该请愿制度形成的最终裁决具有强制执行力，从很大程度上保障了请愿者权益，为请愿者提供了有效的救济途径（李琦和祖力克，2005）。

（6）新加坡民情联系组制度

所谓民情联系组制度就是新加坡政府通过多种沟通渠道，就公共政策议题与民众进行及时、广泛且充分的对话与协商，吸纳合理的民意并将其反映到政策制定过程之中。1984 年新加坡政府成立了民意处理组（Feedback Unit），这是一个民意被动反馈机制，目的就是收集民意，完善政府决策，从而提高民众对执政党的满意度。但随着经济社会的快速发展，民众参政意识增强，原来的民意处理组已不能完全满足新形势下沟通民意的需求。于是，在 2006 年 10 月，民意处理组正式更名为"民情联系组"（Reaching Everyone for Active Citizenray Home），简称 REACH，机构名称的改变体现了从一开始"处理民意"到"联系民众"的转变，取其主动触及之意，变原来的被动接受民意为主动搜集民意。民情联系组的主要工作任务包括两个方面：一是广泛收集民意；二是致力于通过不同渠道，使政府跟人民有更多接触，推动民众的参与性。其模式为：主动搜集民意——制定相应政策——再次参考民意完善政策——通过政府与人民的互动推动政策的执行——总结民众反馈，为下次政府决策提供经验。具体而言，新加坡政府在民情联系方式上，民情联系组之前主要以讨论会的形式和民众联系，现在则善用网络社交媒体广开言路。迄今为止，民情联系组在 Facebook 上拥有超过 3 万名粉丝，在 Twitter 上拥有超过 1 万名粉丝。同时，民情联系组也尝试一种比较活泼和平易近人的做法，即开设"聆听站"收集民意。在人流较多的地方，例如商场或地铁站等地设立聆听站，鼓励公众在经过时对政府的公共课题留下意见和看法（吴镝鸣，2016）。

1.2.2.2 我国环境信访的研究现状

（1）古代直诉制度

我国信访制度是一种历史悠久的具有鲜明传统特色的制度，起源于古代的直诉制度。直诉属于古代的冤案救济制度，有冤情的当事人或者其近亲属，为申诉冤情而直接陈诉于最高统治者或特定机构，以期得到公正裁判的一种制度（王伟歌，2011）。中国古代直诉制度从尧舜时期到清朝末年，出现了"谏鼓""诽木""立肺石""敲路鼓""登闻鼓""邀车架""上表"等多种类型，该制度源远流长，世代相传，不断发展变化。据《大戴礼记·保傅》记载，尧舜执政时期曾设有"进善之旌""诽谤之木""敢谏之鼓"，以听取社会成员议论时政（皮纯协等，1991）。据《周礼》记载，凡没有兄弟、子孙及老幼者无法申冤，可以在肺石（形状如肺的红色石头）上站三天，得以上达冤情；平民百姓也可以通过敲击专门设置于宫殿的路鼓（四面鼓），直接向最高统治者反映冤情或重要情况。据《魏书·刑罚志》记载，北魏太武帝时，宫阙左面悬登闻鼓，人有穷冤则击鼓，由主管官吏公车上表其奏。"登闻鼓"制度一直沿用至清代。邀车驾是指案情重大而不得申冤者，可于皇帝出巡时，在其车驾经过的路旁直接申诉冤情，这一制度始于北齐，终于清代。上表是在汉代增设的，冤者陈书直接向皇帝呈递奏书，凡经三司处断而仍不服者，即可采取此种方式"披陈身事"。可见，当时百姓写"上访信"给最高统治者以及诣阙上书乃是常有之事（李晓巧，2014）。

（2）当代信访制度

Ⅰ. 信访制度的发展进程

当代信访制度与古代直诉制度一脉相承，是指民众通过多种形式向信访部门反映情况、表达意见，信访部门进行处理的一种制度，也是党和各级机关接受人民群众监督、化解矛盾、解决问题、凝聚人心的重要渠道。中国当代信访制度的建立已有 70 年的历史，信访被视为一种维持社会稳定的社会救济制度，成为反映社会问题的"晴雨表"，为维护社会和谐稳定发挥了不可替代的作用。从信访制度的发展来看，主要经历两个阶段：

第一阶段：初步形成阶段（中华人民共和国成立后至 20 世纪 90 年代初）。新中国信访的渊源可以追溯至 1950 年，毛泽东同志在《必须重视人民的通信》中批示："要给人民来信以恰当的处理，满足群众的正当要求，要把这件事情看成是共产党和人民政府加强和人民联系的一种方法。"该份批示对中华人民共和国信访工作具有里程碑的意义，成为中华人民共和国信访工作制度化建设的开端。1951 年，政务院颁布了《关于处理人民来信和接见人民工作的决定》，标志着具有中国特色的信访制度正式确立。1971 年，《红旗》杂志刊登了《必须重视人民来信来访》一文，首次公开把人民来信来访称为"信访"，把处理人民来信来访工作称为"信访工作"（刁杰成，1996）。1982 年宪法第 41 条第 1 款规定："中华人民共和国公民对于任何国家机关和国家工作人员，有提出批评和建议的权利；对于任何国家机关和国家工作人员的违法失职行为，有向有关国家机关提出申诉、控告或者检举的权利，但是不得捏造或者歪曲事实进行诬告陷害。"1982 年，中共中央办公厅、国务院办公厅转发的《党政机关信访工作暂行条例（草案）》标志着我国信访制度逐渐走上了正规化道路。

第二阶段：发展完善阶段（1995 年以来）。为了适应新信访形势的需要，更好地保护公民的合法权益，维护信访秩序，1995 年国务院颁布了我国第一部信访行政法规《信访条例》，标志着信访制度从边实践边探索逐步向法治轨道靠近的过程，国家致力于建立一套系统而权威的规范信访活动的法律制度，将信访逐步推向法治化。2005 年，国务院常务会议通过了新《信访条例》，新修订的《信访条例》按照以人为本，构建社会主义和谐社会和加强民主法治建设的要求，确立了信访工作格局和领导负责制，规定了各级人民政府应建立健全信访工作责任制，强化了对信访人合法权益的尊重和保护。2006 年，中共十六届六中全会对信访工作提出更高的要求："统筹协调各方利益，妥善处理社会矛盾"，确定了信访对构建社会主义和谐的基础性地位。2017 年 7 月召开的第八次全国信访工作会议上，习近平同志将信访定位为了解民情、集中民智、维护民利、凝聚民心的一项重要工作，要千方百计为群众排忧解难。再一次肯定了信访制度对维护社会和谐稳定的重要作用。

Ⅱ. 信访制度的功能

当代信访制度的功能包含了社会功能、政治功能和法律功能三类：社会功能主要是指信访作为社会矛盾的安全阀和喧嚣阀可以有效调节和发现社会矛盾；政治功能主要是指普通群众通过信访这种形式可以进行政治参与和政治活动，也可以发挥监督的职能，和政府进行信息沟通，有利于政府的信息汇集；法律功能主要是指权利救济以及诉讼外解决纠纷等体制机制（胡婷，2012）。

信访制度的功能在不同的历史时期、不同的时代甚至同一时代不同阶段差别很大（应星，2004）。我国信访的功能主要经历了三个截然不同的时期：第一个时期是 1951 年至 1979 年，中华人民共和国刚成立时各种政治运动迭次开展。那个时代的信访工作主要开展阶级斗争，进行检举揭发；第二个时期是 1979 年至 1982 年，拨乱反正型信访。信访工作的主要内容是解决大批历史遗留问题，纠正冤假错案，当时信访人数之多、解决问题之多都是史无前例的；第三个时期是 1982 年以来，安定团结型信访。由于社会主义市场经济体制的建立和城市化建设的快速推进，再加上公民权利意识的觉醒，信访的职能以维权为主。

肖萍和刘冬京（2012）从实然和应然的角度进行分析，认为：沟通职能和监督职能是信访的应然功能，信访的实然功能还包括了沟通、监督、调节以及救济功能。同时他认为调节功能和救济功能超出了信访制度所能承受的功能范围，即这两个职能不属于应然功能。该观点恰到好处地指出了信访工作现在的一个重要症结，即由于信访被赋予了过重的职能而产生了一些负面效应。中共上海市委、上海市人民政府信访办公室主任王剑华在人民建议征集制的思考与建议中亦指出信访承载了党和政府的政治、行政和法律功能。由于纠纷解决和权益救济功能的强化，政绩考核功能和公共政策功能的加入使信访的功能边界越来越模糊。传统信访制度由于特定情境下的制度安排，信访发展出现异化。在信访登记排名考核制度下，某些地方党政领导以"下访"的形式解决信访问题，弱化了信访的法制色彩，也催生了群众"信访不信法"的现象。

（3）网络信访制度

Ⅰ．网络信访制度的发展状况

网上信访指的是运用现代信息网络技术，通过网上注册、提交诉求、处理、恢复及查询等程序的新型信访方式（石佑启和黄喆，2014）。

随着网络和信息技术的发展，信息技术在人类社会中发挥着越来越重要的作用，也成为公众发表言论、参与国家与社会事务、监督政府权力行使的重要渠道。网络信访的兴起一定程度上能解决信访异化的问题。党的十八届三中全会明确提出："改革信访工作制度，实行网上受理信访制度，健全及时就地解决群众合理诉求机制。把涉法涉诉信访纳入法治轨道解决，建立涉法涉诉信访依法终结制度。"我国的网络信访就在此背景下形成发展。

网上信访经历了两个发展阶段：第一阶段，开始建立统一的信访政府专网。2005 年，国务院《信访条例》提出建立网络信访系统的目标。2011 年，信访系统工程竣工验收；2013 年，信访网络系统正式投入使用。但是该阶段只是实现了部分信息化，尚且不能在网上实现办理（新华网，2013）。第二阶段，国家信访局借鉴"淮安经验"，实现了"阳光信访"。该阶段实现了全部信访业务在网上流转（人民网，2014），2020 年，全国网络信访占总信访量的 7 成以上，实践效果大大提升。

Ⅱ．网络信访的功能

第一是联系的功能。具有中国特色的信访制度为各级政府和人民群众联系提供渠道，是公民行使政治参与和监督的政治制度之一。信访渠道简便、经济，网络技术的发展使得这种渠道优势被最大程度发挥。

第二是参与功能。政治参与程度总是与经济发展水平呈正相关，且社会经济更发达的社会，也趋向赋予政治参与更高的价值。

第三是救济功能。目前社会矛盾增加，司法途径因为其成本以及本身的有限性使得信访成为社会矛盾解决的重要途径之一，可以说信访制度是我国的一种重要救济制度（许志水等，2005）。

网络信访相比传统的信访制度显示出优势。首先，网络信访更加便捷、时效性更强。传统的信访以走访和信件为主，其程序复杂，所需时间更多。而网络信访则实现了信访部门"零时差"接受受访人员的诉求。网络信访降低了成本，也可以实现政府与群众的互动，网络信访制度建设全国统一的政府专网施行"阳光信访"，这就使得网络信访公开透明，程序规范。其次，网络信访显示客户导向，信访处理满意度评价被作为信访部门绩效考核的重要指标。此外，网络信访对信访件的跟进与保存显示出巨大优势，并为通过对信访数据的分析进行社会矛盾风险预警提供了可能性。

1.3 国内外典型区域环境社会风险治理经验

1.3.1 美国环境社会风险治理经验

"邻避"现象最早出现在美国，1980 年代是美国的"邻避"时代，民众所反对的设施也从垃圾填埋场、焚化炉等传统"邻避"设施延伸到机场、监狱、收容所、精神康复中心、戒毒服务中心甚至公共房屋。美国的"邻避"运动已经有几十年的历史，发展至今已逐渐趋于冷静和理性。美国在解决"邻避"冲突的问题上积累了丰富的经验，其中诸如建立公众参与制度、制定补偿措施、志愿和竞争设场程序已被普遍使用，并且取得了不错的效果。美国的经验值得我国根据具体国情适当借鉴应用。

1.3.1.1 注重公众参与

1990 年，在公众权利意识觉醒和"邻避"冲突频发的背景下，美国召开设施设置国家研讨会并制定了一套设施设置准则（Facility Sitting Credo），该准则的第一条就要求设场时要"制定一个基础广泛的参与过程"，在此准则下"邻避"冲突得以缓解。以亚利桑那州马里科帕县某垃圾填埋场为例，起初选址过程一直遭受公众反对，后来政府意识到公众参与的重要性，成立了公民顾问委员会，由市政当局、当地居民、农民团体和其他利益集团共同组成，多方主体通过协商，最终达成一致意见，在西北地区建立填埋场并运营至今。

1.3.1.2 推行志愿与竞争性选址程序

1990 年美国制定的设施设置准则不再提倡行政命令形式，而是鼓励"通过志愿程序得出可接受选址"和"考虑竞争选址程序"。这种志愿和竞争选址程序是把选址的权力返还给社区民众，由他们自己去衡量设施设置带来的利弊得失，决定是否接受设施建造。这种程序分为三步骤：①公众设置机构确定符合相关标准和技术规范的几个选址，向公众公开；②各地区通过公民投票决定是否参与竞争设场，公众根据利弊得失自主选择，开发者还会为真正感兴趣的社区提供研究、宣传资金；③以"乐透-拍卖"的形式决出最终选址。美国通过这种方式完成了很多"邻避"设施的选址过程。这种形式结合了补偿和公民参与机制，能够最大限度地实现公众参与。其益处是能够有效缓和公民的敌对情绪；通过公民参与能够让公民更信任政府，使公民相信政府是站在其角度办实事；在参与过程中，对公民能起到一定的教育作用，让其认识到政府在决定一项公共设施建设时的科学性和为民服务性，让公民不再因自身利益而忽略公众利益。

1.3.1.3 全面严格的监管

美国"邻避"设施的安全性较高，正是得益于其成熟而严格的环境风险监管制度。以美国休斯敦石化工业园为例，PX 项目是其主要生产项目，在先进技术和严格监管下，尚未发生严重的环境污染事故。一方面，工业园的管理者需要量化分析项目潜在的污染风险，既要覆盖化工厂本身，还要划出化工厂周边的健康和安全区域范围；另一方面，具有潜在污染风险的工厂都要进行污染控制研究，包括全面分析污染对环境的影响并提出相应对策，设置污染监控计划以保证排放的物质始终符合标准等。同时，工厂必须定期检查各种设备，员工要定期进行应急操作培训，防患于未然。另外，由多名专家组成的"空气污染监督委员会"也时刻监督化工厂的废气排放情况，并与其他政府部门合作，向违规企业提起公诉。这种严格而全面的监管制度，促使美国企业形成合作生产和循环生产模式，实现多赢格局。

1.3.1.4 经济补偿

在市场诱导下，对受损群体进行经济补偿来阻止反抗事件的发生。其提出的依据是居民都是"经济理性人"，在成本收益不均衡的情况下，对居民适当的经济补偿可提高居民对"邻避"设施的接受度。1989 年，美国一项调查发现，在垃圾填埋场选址中，当提供一定经济补偿时，民众的支持率几乎翻了一倍，可见，经济补偿在某种程度上能改变公众的态度。

"邻避"设施的补偿包括现金补偿和非现金补偿，而非现金补偿又可分为五类：一是实物补偿，指以拨款的形式增加社区的医疗、住房、教育等社会福利；二是应急基金，指开发者承诺提供一笔基金来支付未来发生意外灾害或风险所造成的损害；三是财产保险，指为场址周围的不动产提供保险，防止因设施带来房产的贬值；四是效益保障，指建厂及运营阶段直接或间接雇佣地方上的居民；五是经济激励，指计划所带来的消费可提高当地生活的品质。

如冠军国际股份有限公司在建设工业垃圾填埋场时，承诺要保障设施两英里①范围内的住房不贬值。公司通过观察十年间所涉及的县的住房销售价格变化，提出如果住房价格确实因为填埋场的存在而有所下降，则公司会在业主转卖住房时为居民提供相应的补偿。居民认为这项措施可以保障自己的财产权益，因此没有对项目提出反对。

又如弗吉尼亚州查尔斯市在建造固体废弃物填埋场时，向当地居民提供了系列补偿措施，包括每年从填埋场利润中提供约 100 万美元用于降低财产税、完善教育系统、为当地免费收取垃圾等，这些措施保证了填埋场的顺利选址和建设。

美国利用经济补偿措施确实缓解了"邻避"冲突，但当设施引发的损失远远超过效益时，经济补偿对转变公众态度并未起到较大影响，可见经济补偿只能作为辅助措施。

1.3.2　日本环境社会风险治理经验

日本在垃圾焚烧类项目积累了宝贵经验。焚烧是日本处理生活垃圾的主要方式。日本目前约80%的生活垃圾被焚烧，其余主要被回收利用，还有小部分被填埋处理。在世界的很多地方，出于安全考虑，焚烧厂的建设常常遭到反对。与其他国家不同的是，日本许多焚烧厂却建在市中心，且邻近居民区及学校等公共设施。20 世纪七八十年代，焚烧厂在日本也曾遭遇过强烈的反对。为彻底扭转日本民众对垃圾焚烧厂的排斥，日本政府采取了以下几种措施。

1.3.2.1　实施严格的垃圾分类制度

日本从 1982 年开始实施垃圾分类制度。根据生活垃圾的性质分为不同类别，并制定严格的分时间分类收集处理措施，并发放详细的各种分类以及必须遵守的规则说明材料。若没有遵守，每袋垃圾都会罚款，并且被退回。这样严格的条例在源头上就督促着人们减少制造垃圾，不仅降低了垃圾产生量，也使得收集到的垃圾含水率、有害成分降低，减少了垃圾运输、储存过程的臭气影响，也减少了垃圾渗滤液的量及后续处理成本。

---

① 1 英里 ≈1.609 千米。

1.3.2.2　坚持辖区垃圾"自己处理"原则，明确责任

为解决焚烧厂建设的"邻避"问题，东京都知事曾提出各区建设焚烧厂处理各区垃圾，此后日本公众渐渐形成了"每个市应当自行处理或至少在自己的辖区内处理垃圾"的原则。这一原则有助于让各地公众及其政府明确自身责任，促进垃圾处置场地的选择更加公平合理。

1.3.2.3　制定高于国标的严格标准，确保环境无害

1997 年，大阪市丰能町的一家焚烧厂附近测出了有记录以来最高浓度的二噁英，该事件促使政府制订新的法律规范二噁英的排放。之后大多数焚烧厂装备了布袋除尘器，保证了垃圾焚烧厂的基本安全。日本《废弃物管理法》特别规定了垃圾焚烧厂应达到的所有技术条件，如燃烧温度、建筑结构等。法律还要求焚烧厂检测二噁英以及废气、废水中其他有害物质的浓度。许多焚烧厂会自愿选择在国家规定的基础上更频繁地监测污染物排放，并自愿设定比国家更严格的标准，并且监测更多的污染物。如日本舞洲垃圾焚烧厂达到的二噁英排放标准仅为日本国标的千分之一。

1.3.2.4　开展长期的科普和环保宣传，注重与社区建立和谐关系

日本政府、学校及社会各界十分注重面向社区的垃圾焚烧科普和环保宣传。为消除民众对垃圾焚烧厂的恐惧，许多焚烧厂还通过组织参观等各种形式使民众了解相关科学知识以及焚烧厂的运行情况。此外，焚烧厂除自身功能外，还被打造为附近居民休闲的场所。许多焚烧厂对焚烧炉余热产生的高温水进行循环利用，提供给临近的温水游泳池、健身房，降低附近居民的使用成本。

1.3.3　新加坡环境社会风险治理经验

作为一个面积只有 719.1 平方千米的小岛国，新加坡没有办法将化工企业和垃圾焚烧厂安置在偏远的荒郊野岭之中。位于新加坡岛西南方的裕廊岛是化工设施集中的地点，但距离新加坡岛只有大约 1 千米，从新加坡岛上的居民区可以清晰地看到许多化工设施矗立在那里。

新加坡的成功经验，在于严格管理容易诱发"邻避"效应的项目，以此为基础，辅之以全面透明、加强沟通的努力，让公众真正了解风险，从而赢得信

任，消除心理上的排斥感。与此同时，新加坡也采取综合性的措施，不断提升受影响区域的吸引力。

1.3.3.1 严格管理容易诱发邻避效应的项目包括美化外观，提升安全技术

尽管受到国土面积狭小的局限，新加坡还是尽可能地将工业区与居民区进行了分离，以保障居民区的安全。裕廊岛最初是在几个小岛的基础上，填海连接在一起形成的一个石化基地。岛上的一些大型化工厂，整个区域规范有序、管理严格。在一家从事炼化生产的企业，一座庞大的石化设施里各种金属和非金属的管道叠成高塔，环境十分整洁，也基本实现了自动化管理。事实也正是如此，这家公司的高管在开业仪式上强调：安全生产是这家企业的生命线，也是其核心竞争力所在。新加坡的政府领导人出席类似场合的时候，也多次强调安全生产的重要性。在裕廊岛内部，各种不同化工设施之间往往采用水渠等方式进行区隔。事实也证明这样做的有效性，裕廊岛也曾发生过炼化设施起火的事故，但由于救援得力和有效的间隔，避免了事态的蔓延。从新加坡的经验来看，疏解"邻避"效应的关键，不在于将化工厂或垃圾焚烧厂放置在尽可能偏远的地方，而在于如何保证安全生产措施不成摆设。新加坡采取的做法是重罚，让环境违法的成本远高于收益。

1.3.3.2 加强信息公开、与民众进行有效沟通是疏解的关键所在

在保证安全的前提下，有序组织公众进入工业设施内部进行参观。新加坡的裕廊岛管理非常严格，但在对公众开放的方面也有明确的规定，实马高岛垃圾填埋场也允许公众登记申请参观，还会组织公众教育活动。当裕廊岛发生炼化厂火灾时，在能够看到火灾现场的地方，当地消防部门负责人和炼化厂的高管，每隔几个小时就召开一次记者会。介绍救火进展，画图解释火灾现场的风险点在哪里，接受记者的追问。正是这些良好的沟通，让公众保持了对项目管理的信任。虽然风险无法百分之百避免，但公众通过政府的严格管理、信息公开，看到了项目安全性的保障，类似的情况也见于新加坡外籍"客工宿舍"的建设。

1.3.3.3 受到相关项目影响的地方改善环境、给当地公众带来福利

近年来政府在与裕廊岛隔海相望的西海岸一带建设了大片绿地和儿童乐园等公众设施，成了新的地产热点。在风险项目附近建设养老公寓、完善配套的医疗设施等举措，也能让附近居民受益，疏解"邻避"效应造成的心理影响。

1.3.4　英国环境社会风险治理经验

英国在垃圾处理类项目积累了宝贵经验，也是世界上第一个采用垃圾焚烧技术的国家，然而，自 20 世纪八九十年代开始，垃圾焚烧项目带来的环境污染和健康威胁逐渐引起人们的关注，在个体力量势单力薄的情况下，非政府组织应运而生，成为民众利益的代言人，在垃圾焚烧项目的规划、选址、运营等各个环节发挥重要作用，通过积极推动一批非政府组织的建设，并引入涉"邻避"项目的全过程中，一定程度上提高了项目决策和实施过程的公平公正。与此同时，通过制定相关法律及规定，保证非政府组织发挥其应有的积极作用。例如，社会组织"英国杜绝垃圾焚烧组织（United Kingdom Without Incineration Network，UKWIN）"在英国垃圾焚烧项目实施过程中起到关键作用。该组织的顺利运行得益于以下几方面原因。

一是组织架构完善。从组织机构看，截至目前 UKWIN 在英国拥有 100 余个下属组织和分支机构，健全、稳定的组织机构使得对英国任何地区发生的相关危机事件能够做出及时反应。

二是作为独立运行组织，所发布的邻避设施相关信息客观翔实。从 2007 年创立到现在仅 8 年左右的时间，UKWIN 已经建立了自己的官方网站，创建了较为完善的数据库，实现了对垃圾焚烧厂信息的实时发布，形成对地方政府和企业的全过程监督。

三是该组织的准入门槛较低，有助于实现反焚烧力量的最大程度整合。该组织是开放的，凡是反对垃圾焚烧的个体或组织都可以加入。

四是英国本土对垃圾焚烧项目的决策程序有利于社会组织的介入。到目前为止，英国的垃圾焚烧项目已经形成了较为系统、规范、透明的规划运行过程，其中，"公众问询"是规划初期必不可少的一个环节。

1.3.5　香港特别行政区环境社会风险治理经验

香港特别行政区面积小、人口数量多、基建密度高、居民环保意识强，发展压力非常大。香港在高铁、污泥、垃圾和废物处置等领域面临更严峻的环境社会风险考验。回顾香港环境治理发展之路，20 世纪 80 年代时主要是知情权、表达权，90 年代是参与权、监督权、行政绩效，解决申诉和审计的问题，2000 年起是利益共享。香港特别行政区通过设立独立的第三方机构、确保信息公开透明以及完善司法诉讼渠道，不断创新环境社会治理举措，有效降低了"邻避"冲突。如今，香港建设的 T·PARK 污泥处理厂已经成为各地防范化解"邻避"问题参观学习的样板工程。

1.3.5.1 设立第三方环境咨询委员会

在香港，由各方人士组成的环境咨询委员会在"邻避"设施政策制定中充当了重要的角色。香港环境咨询委员会作为一个政府与居民冲突之间的第三方，其成员大多来自香港四大环保公益组织及学界和工商界。该委员会努力保持自己的独立性，在每个项目之初会代表公众对环评提出咨询意见。此外，委员会还有自己专门的环评小组，一般情况下一个大型项目只有通过环评小组的审核，才能拿到环境许可证，然后才能正式开工。更多时候，该委员会根据环评报告指出项目建设方未考虑到的地方。

1.3.5.2 确保信息公开透明

采用各种方式和途径进行信息公开。咨询委员会与项目提起人的会谈相当开放，即使是香港普通公众也能申请旁听会谈。在香港，环评报告可以在环保署的网站上查阅到，环保咨询会议在环保署网站上会提前 5 天公布，公众只要提供相应材料即可申请。

1.3.5.3 完善司法诉讼渠道

建立完善的司法诉讼渠道。公众如对项目有疑惑，可以来信指出，也可以提出司法复核。如 2010 年某香港老太通过司法复核的方式，指出港珠澳大桥的环保报告存在问题，最终影响大桥的施工进度。

1.3.6 中国台湾环境社会风险治理经验

中国台湾经济走在亚洲前列，自 20 世纪 70 年代以来，其经济结构的转型和社会活动的开展促进了"邻避"运动的兴起，尤其是 1987 年的中油永安液化工程纠纷和 1988 年的林园事件，使得"反污染自力救济"达到高潮。中国台湾在"邻避"运动中积累了很多经验，已探索出一套特有的治理模式，取得了良好效果，相似的社会文化背景使得台湾地区治理"邻避"冲突的经验具有较高的借鉴价值。

1.3.6.1 制定环境影响评估相关规定，加强公众参与，确保信息公开

1995 年，中国台湾通过环境影响评估相关规定。该规定包括信息公开和公众参与的程序，民众从中也知道应该如何正确、合理表达自己的诉求，可以说该规定的实施是使得"邻避"现象缓解的主要保障。根据环境影响评估相关规定，在对公共设施或企业投资项目的审议过程中，项目业主必须提交项目相应的《环境影响评估报告》，且必须就相关内容向当地民众予以说明。在此过程中业主会通过各种形式与民众进行沟通，告知项目的意义及存在的风险，为此有的业主甚至会挨家挨户说明项目的必要性，或者组织各种形式的活动对项目加以宣传说明，又或者通过组织辩论大会的形式来论证项目的必要性。如果厂商没有按照法律规定对项目做相关公开，则他们的行为便会被判为违法，该项建设就不能进行。

1.3.6.2 签订环境保护协定

为减轻"邻避"设施的实际或潜在风险，台湾当局设计了环境保护协定方案，即建设单位得与所在地居民或地方行政部门签订环境保护协定，防止公害发生。前项协定经公证后未遵守时，就公证书载明得为强制执行事项，得不经调处程序，径行取得强制执行名义。简而言之，环境保护协定是行政部门、企业和居民签订的防止损害周边环境的书面承诺，并经公证后具有强制效力。此项协定详细规定了环保标准、监测手段和监督执行机构等，最大限度防止公害发生。

1.3.6.3 经济补偿/环保回馈

建立补偿/环保回馈制度。旨在弥补"邻避"设施周围居民的利益损失。如为小区兴建图书馆、活动中心、运动场，给予学生奖学金，给予老人福利津贴，减免居民电费等；当地政府也会给予配套优惠措施，如减免税收其他法定项目等。

1.3.6.4 社会协同治理

中国台湾地区民间社会的力量强大，行政部门非常重视民间力量在"邻避"冲突治理中的作用。首先，行政部门注重民意，发布环境影响评估有关规定，制定

公众参与机制，并提供多种参与渠道，包括主动提供资讯、问卷调查与访谈、召开公听会、协商审议等。其次，中国台湾媒体活跃度高，影响力大，促使行政部门不断完善信息公开制度，信息公开工作往往比法律规定更加细致。最后，中国台湾社会组织具备较高地位。一方面，全域性或地方性环保团体甚多，民众限于专业知识问题常请求环保团体的帮助，这些组织也会不遗余力地邀请岛内外专业人士开展调研、说明会等；另一方面，社会组织也重视其第三方作用，时刻监督"邻避"设施运营情况，或根据环境相关法律对政府或企业向法院起诉，或向监察委员陈情等。

1.3.7 广州环境社会风险治理经验

广州市作为广东省省会、中心城市、超大城市，是改革开放的前沿阵地，经济社会转型和城镇化进程的高速发展，客观上增加了因重大项目建设产生的"邻避"运动。近年来广州市在环境社会风险治理方面不断加大信息公开力度，加强公众参与和监督，强化环境监管，积累了可复制可借鉴的宝贵经验。

1.3.7.1 系统论证，审慎研究，建立健全科学决策机制

为确保"邻避"项目建设和运营不对周边环境和群众造成不良影响，广州市将项目建设的环境保护要求作为重要决策依据，严格落实综合决策、科学论证要求，深入开展前期调研，广泛征求各部门意见，充分听取各领域专家和社会意见，通过加强规划论证，合理确定项目选址，为项目建设的顺利推进奠定坚实基础。

考虑到"邻避"项目落地难的问题，广州市特别注重项目的科学论证，坚持及早整体规划，将"邻避"项目纳入经济社会发展规划、城乡规划、土地利用总体规划、主体功能区规划，并积极推进相关规划的环境影响评价工作。例如，广州市推进了《广州市环境卫生总体规划——生活垃圾焚烧设施专项规划》《广州市生活垃圾收运处理设施专项规划》《广州市餐饮废弃物处理专项规划》等多个规划及规划环评工作，以规划为前提和依据，充分考虑"邻避"项目的安全防护距离，优化选址周边地区空间功能布局，强化规划实施过程中的控制工作，从源头上防范"邻避"效应的扰民问题。

1.3.7.2 以人为本，尊重民意，不断优化群众沟通方式

"邻避"项目大多是重大经济项目和事关广大群众切身利益的民生项目，民

众都觉得需要，却又不愿意建在自家门口。为争取群众的理解和支持，广州市成立了重大城建项目公众咨询监督委员会，广泛听取各界声音，充分论证项目建设的可行性，增强透明度、公平、公正性。在推进"邻避"项目建设过程中，由市政府领导全程介入和指导，部分区在公众参与过程中，多批次派出驻村干部，长期与村民贴心交流，组织大批次村民到中国台湾、中国澳门，以及日本等地的先进城市参观考察垃圾焚烧处理设施，出现公众反对意见比较集中的还会派出工作组，加大宣传，耐心解释，视情组织参观考察，增强公众的认识和信心。此外，广州通过制定相关生态补偿办法，使项目周边群众真正受惠。例如，出台《广州市生活垃圾终端处理设施区域生态补偿办法》，不仅规定每年定期对生活垃圾终端处理设施周边群众进行免费体检，还对项目周边配套设施加大资金投入，带动和扶持周边地区经济发展。

1.3.7.3 综合施策，统筹协调，形成齐抓共管模式

广州市建立首长负责制，市、区两级政府分别成立领导小组，统筹协调"邻避"项目推进的各项工作，制定详细的建设计划，确定责任分工，明确时间节点，督促相关部门和责任人各司其职，按时保质完成任务。在"邻避"项目推进过程中，广州市建立完善了各级政府部门间统筹协调的工作机制。例如，为解决垃圾处理设施的规划、选址、布局、征地和环评等手续，广州市成立了垃圾处理设施建设工作领导小组，多次召开规划、国土、建设、宣传、公安、生态环境等部门参加的协调会，及时研究解决突出问题，保障项目建设有序推进。

1.3.7.4 依法行政，程序规范，切实保证项目建设合法合规

在"邻避"项目推进过程中始终依法依规，坚持公平、公正原则，在项目立项、供地、规划、环评、建设等各个环节，依法办理相关手续。在选址方案阶段，科学编制相关规划，以规划为引领指导具体项目落地；生态环境部门提前介入，指导规划编制机关和建设单位委托环保专业机构进行前期综合论证，并有序开展规划环评和项目环评工作。在环评审批阶段，严格按照法律法规规定的程序开展，重大建设项目依法实施集体审议制度。同时，通过建章立制，进一步规范环评审批行为，广州市先后印发实施了《广州市工程建设项目审批制度改革试点实施方案》以及重大建设项目审批委员会制度、建设项目环境影响评价文件审批程序、建设项目环境影响评价文件审批规则等一系列文件，明确了环评审批程序和审批要求，提高审批透明度。

1.3.7.5 信息公开，社会监督，保障群众公众参与权利

主动公开环评审批信息。关于"邻避"项目的建设，广州市以更加开放的工作方式来推进，不断加大信息公开力度，充分听取各界意见，并以此为平台，进一步加强与群众的相互沟通。在环评审批过程中，主动公开环评相关信息，进行受理公示、环评全本公开、审批前公示以及审批结果公告，全程公开透明；在环评文件批准后，主动与媒体沟通，将项目基本情况、审批结果、批复要求等信息通过各大媒体公开报道，自觉接受社会监督。主要做法包括：一是主动公开同类"邻避"项目的环境监测数据。加大对"邻避"项目的监测频次和监管力度，及时公开监督性监测数据和污染源在线监测数据等相关环境信息。二是探索环评审批过程实时公开，如广州市在审批广州大桥拓宽工程环评文件时，主动邀请各大媒体现场参加重大建设项目环境保护审批会议，全程直播环评审批过程，实时向社会公开。

1.3.7.6 妥善协调，维护稳定，减少项目推进阻力

广州市相关部门采取综合措施，着力化解民众与政府之间矛盾，阻断"反烧团体"和某些势力的不轨图谋，在维护社会稳定情况下，尽最大努力减少社会阻力，积极推进"邻避"项目建设。如民间组织"自然大学"成员陈立雯向法院诉讼市环保局垃圾处理项目信息公开，广州市有关部门积极应诉，同时加强媒体舆论引导，尽量减少因恶性炒作对广州市垃圾焚烧项目建设的负面影响。又如，为化解某资源热力电厂选址纠纷，由市相关政府部门、项目所在区政府及镇政府组成市、区、镇三级联合接访组，开展了为期一周的联合接访，通过联合接访，主动搭建沟通平台，公开政府信息，细致诚恳地做群众工作，有效应对群众来访事件。

1.4 国内外环境社会风险代表性事件

1.4.1 美国民众抗议尤卡山核废物处置项目事件

风险类设施诸如核废物处理处置库、核电站等一直以来都面临着各国民众的"邻避"情结和抗议反对。这类风险类设施面临的最主要问题不仅仅体现在经济

和技术理性方面，更反映在国家层面的政治因素以及民众对"邻避"设施的风险感知。美国尤卡山核废物处置项目从兴建到最终废止就经历了一段曲折的过程。

（1）事件背景

尤卡山核废物处置库，由1987年的《核废物政策法修正案》确定，是用于对乏燃料和其他高放废物进行深地处置的设施，也是世界上第一个高放废物处置库场址的研发地。2002年7月9日，由总统推荐并经美国国会批准，尤卡山场址被确定为高放废物地质处置的最终场址。

尤卡山场址位于曾进行过904次核爆炸试验（1945～1992年）的内华达试验场址西南，南距拉斯维加斯160千米，为戈壁地区，气候干燥，年降水量为180mm，地貌景观与我国甘肃北山的高放射性废弃物处置库预选场址类似。该场址围岩为熔结凝灰岩，地下水距地表深度为500～800米，地下水pH为10～12。拟建处置库离地表深度为200～500米，位于地下水位之上245～305米，平均约为300米。因此，处置地段位于包气带中。该候选处置库拟处置高放射性废弃物70 000吨，其中商用废物为63 000吨（来自41个州），军用废物为7000吨（来自汉福德场址）。目前美国运行的核电站有104座，每年由核电站产生的废物有2000多吨。

（2）民众的反对

从自然因素看，尤卡山核废物处置库是沙漠地区，经济不发达，人口稀少，从拉斯维加斯驱车到尤卡山场址，沿途荒无人烟。因此，如果不考虑地质和水文地质条件，从自然景观看，这里是高放废物处置库选址的一个有利地段，但20多年来却遭到当地居民和州政府的强烈反对。这不仅表现在对多次诸如环境影响评价报告的听证会上，也强烈表现在2002年州政府反对总统向国会推荐该场址为高放废物处置库最终场址的决定上，后来州政府的意见被国会否决，国会最后还是确认了尤卡山这个场址。

尤卡山项目遭到当地群众和州政府的强烈反对。主要基于以下几方面原因。

1）利益冲突带来"邻避"情结。内华达州没有一座核电站，主要用电是水电，但却要接受从全国各地运来的大量核废物，内华达州公民抱怨，认为对内华达州不公平。当地旅游业界也强烈反对将核废料处置场所建在附近，担心会对当地著名的旅游业带来负面效应。因此该州政府官员和议员长期以来对尤卡山项目持坚决反对的态度。尤卡山附近的居民是印第安人中的肖松尼族和佩恩特族，他们认为把处置库建在那里，是对有色人种的一种歧视。该场地附近有一个核武器试验场，有 40 多年的运行历史，进行过 900 多次核试验，导致当地居民的癌症和白血病等疾病的发病率较高，因此，这也就成为当地居民反对在此建造处置库的理由之一。

2）长距离运输路线担心恐怖袭击。处置库远离废物产生地，美国的乏燃料目前考虑是不进行后处理的，所以核电站的乏燃料直接由核电站运往处置库进行处置。美国现在运行的有 104 座核电站，临时存放乏燃料和高放废物的地方有 131 处，分散在 39 个州。核电站主要分布在美国东部，而处置库则位于美国西部，这样核废物的运输距离很长，这不但增加了废物的运输成本，同时还需铺设不少新的铁路线，以把核废物从各地运送到处置库。如何在漫长废物运输线上防止恐怖袭击。美国在经过恐怖的"9·11"事件后，人们普遍心有余悸，来自全国四面八方的核废物，在漫长的铁路运输线上，是否也会遭到这类的恐怖袭击，这也是人们所关心的一件大事。

3）担心放射性核素从废物罐泄漏。处置库位于氧化环境的饱气带。不少该项目反对者提出：处置库位于地下水位之上的饱气带中，那里地下水渗水较快，巷道内有滴水，同时处于氧化环境，因此，废物罐很容易遭受氧化的渗流水的腐蚀，这将导致放射性核素从废物罐中逸出，使环境的辐射剂量大于美国环保署（EPA）规定的公众健康标准，这种情景可能会在处置库关闭后数百年之内发生。

4）担心地震和火山活动。尤卡山有发生地震的倾向，并有近代火山活动的证据。在初步环境影响评价报告中，在当时处置库的监控期设定为 1 万年的情况下，该处地震发生的年概率计算结果为 0.0001，认为是较安全的。但该项目反对者认为，该地区是美国地震频繁发生的地区之一，最近 20 年内，以场址为半径的 80.45 千米范围内，发生过 621 次地震（不包括核爆产生的影响）。1998 年和 1999 年发生过一系列较前更大级别的地震。该区还有 34 条活动断裂，其中有 2 条穿越处置库地段。在场址附近，距今 111 100 万～7.5 万年期间，有基性火山岩浆活动，这在初步环境评价报告中也曾提及过。因此当地公众对处置库地区的地震活动和火山活动甚为担忧。

5）担心核废物罐寿命。美国学者根据实验认为用于尤卡山处置库的废物罐的寿命为 70 000 年，能源部认为在防滴水罩的保护下，废物罐的寿命至少可达 100 万年（也有说 500 000 年），但最近内华达州和与该项目无关的科学家对废物罐的寿命进行了实验，结果显示，它将在几百年内被腐蚀掉。另外，能源部只对废物罐在一辆火车上和一辆载重汽车上进行两项破坏性试验：30 分钟的灼烧度试验和 75 米/小时速度的碰撞试验，但内华达州政府和环保人员认为，由于这种实验所获得的数据极其有限，所以应增加对所有废物罐进行压力检验、泄漏试验、耐热性试验以及遭受严重事故的冲击试验等，民众对能源部提出的废物罐寿命设想存在质疑。

6）数据造假失实。2005年，在科学家之间的电子通信中，能源部发现，在能源部和美国地质调查局工作的有些科学家，有篡改场址水文数据和计算机模型的情况，这就影响场址水流速度的评价。这也给该项目的反对者在道德层面上和科学技术问题上找到反对该项目的话柄。

（3）政治因素

高放射性废弃物处置库的选定，并非单纯地取决于场址的自然条件、社会经济因素和科学技术因素，同时也取决于政治因素和社会因素等。当2007年10月31日，伊利诺伊州参议员奥巴马作为民主党人，参与2008年的美国总统竞选时，就明确表态反对尤卡山项目，于是在2009年奥巴马就任总统后，美国联邦预算提案中就大量削减对该场址的拨款，这与以往的前几任总统每年都有一定数量拨款的情况有明显的区别。因而能源部经多次修改后所定下的2020年建成处置库的计划，将难以保证按期实现。由此看来，尤卡山项目的上下主要取决于政治因素，政治问题打出的牌往往是场址自然条件和科学技术等问题。

（4）尤卡山项目正式终止[①]

美国能源部民用放射性废物管理办公室2005年10月25日表示，已向尤卡山的承包商 Bechtel SAIC 公司下达指令，要求该公司修改尤卡山核废物最终处置库的运行计划，新计划应将该处置库作为一个根本上"洁净"或无污染的设施。

能源部公布的2010财年预算申请中，尤卡山核废物最终处置库项目已被正式"终止"。能源部在其预算建议中表示："用于尤卡山设施建设的所有资金都将被取消，例如进一步的土地征用、道路建设及其他工程项目。""2010财年预算申请……执行了政府的一项决定，即终止尤卡山计划，并同时研发核废物处置的候选方案。"

2010年3月3日，能源部正式向核管会提交申请，撤销其于2008年6月提交的尤卡山处置库建造许可证申请书。这意味着美国唯一的高放废物地质处置项

---

① 资料来源："尤卡山核废物处置库"，百度百科：https://baike.baidu.com/item/尤卡山核废物处置库/17627332；徐国庆："关于尤卡山项目的一些思考"，《世界核地质科学》，2011年第6期；黄玮，"美国尤卡山废物处置的最新进展"，《科学对社会的影响》，2003年第2期；徐国庆："美国尤卡山项目经受新的挑战"，《世界核地质科学》，2009年第2期；伍浩松，"尤卡山项目正式终止"，《核废物管理》，2009年第5期。

目已经正式终止。

1.4.2 德国民众抗议"斯图加特21"事件[①]

"斯图加特21"是德国历史上工程最为浩大、投资预算最为庞大的铁路工程项目之一,其工程关键环节是德国巴登符腾堡州的斯图加特火车终点站改建工程,当地民众在工程规划初期就以将对当地自然环境和人文环境造成破坏而抗议,迫使州政府不得不采取全民公决方式来解决,结果是主张改造火车站的民众获胜,但政府为此工程后续开工做了大量的工作,确保火车站改建工程顺利推进。

(1)事件背景

"斯图加特21"(德语为 Stuttgart 21)是一项在德国巴登符腾堡州斯图加特市进行的铁路交通重组工程,其中最重要的部分是将斯图加特火车总站,由一个终点站改建为地下贯穿式车站,以连接欧洲高速铁路网路。新火车总站将会建在原有车站的北端。该工程以改善斯图加特连接到巴黎、维也纳及最终到布达佩斯的铁路联系,意图将斯图加特建成为欧洲的新中心。而工程的财务协议,在2009年4月2日由巴符州州长古特·于廷尔、德国联邦交通部长沃富冈·蒂芬瑟和德铁董事史蒂芬·格宝签署。其后在同年11月23日当局宣布,工程将会在2010年2月展开,并保证工程总开支不会超过45亿欧元,工期为期15年,设计时速为每小时250千米,新建隧道66千米,新建铁轨117千米。项目改造工程刚启动,随即遭到当地民众的抗议示威。

(2)事件过程

早在20世纪80年代,就有人提出将斯图加特火车总站改建为贯通式车站,然而"斯图加特21"计划刚一提出,就成为政客和市民党中的争议事件。早在2006年年底,德铁、德联邦政府、巴登符腾堡州政府和斯图加特市政府就开始就建造成本的摊分进行谈判。

2007年10月,绿党和数个环保组织及其支持者就开始发起反对工程的邀请和公民提请,以求得到2万名选民支持,斯图加特市政府便要公投决定工程的命运。虽然提请获得67 000名选民签名支持,但是否可以通过市民公投来决定工

---

① 资料来源:"斯图加特21",百度百科:https://baike.baidu.com/item/斯图加特21/7678357;汲立立:德国"斯图加特21"项目的反思,《学习时报》,2012年11月12日。

程命运备受怀疑，尤其由法律学者指出，这个工程不是市政府独资，因此市政府并没有最终决定权。

当局在 2010 年初公布进一步的工程计划，包括拆除火车总站的两翼。该计划的出台较 2007 年初步计划浮上台面时，在斯图加特市民之间，引来更巨大的争议。当地报纸《斯图加特新闻报》在 2008 年 4 月所做的民意调查显示，支持与反对呈对分状态，但到 2008 年 11 月，反对的人所占比例上升到 64%。

2008 年 10 月 11 日，4 000 名市民发起了首次游行示威，反对拆除火车总站和整个 "斯图加特 21" 计划。而反对者往往出身自草根的地方组织，包括绿党在当地分支，还有环保组织德国环境及自然保育联盟。他们曾经提出替代方案，保留拥有文化保育价值的旧火车总站和自然保育价值的宫廷花园。但 "斯图加特 21" 的工程将切断花园和其他公园的联系，这亦成为市民反对 "斯图加特 21" 工程计划的理由之一。

自 2009 年 11 月，反对工程的数千市民，每周一定期在火车总站北方的广场集会，自此开始了 "星期一例行示威"。在工程开工后，示威更扩大到各个动工的地方。在 2010 年夏季，反对工程的数千市民更在其中一个要清场的工地——斯图加特宫廷花园集会抗议。

2010 年 7 月 26 日，近 50 名示威者占据已清空的旧火车总站北翼，当地警方在夜晚清场，部分示威者被控拒捕，全部示威者更被警方以非法闯入罪落案。8 月 28 日，当日反对工程集会的人数达到 3 万人。

2010 年 7 月 30 日，当局开始拆除火车总站北翼的准备工作，工人在警察保护下开始在建筑外围建起围栏。2000 名市民闻风而至，在工地附近静坐组成人链和路障，导致警方要出动清场。此后，反对工程的团体更在 "星期一例行示威" 以外，每周末再举行游行示威，其中在 9 月 10 日，示威者在州议会大楼组成人链抗议，组织游行一方表示有 69 112 人参与，警方的统计数字则达到35 000 人。

宫廷花园的工程部分，当局计划要砍伐不少树木，但在市民和花园管理员的反对声浪下，当局被迫保留其中 282 棵树。而部分市民更在公园露营守夜，更有当地的环保组织 RobinWood 的活跃分子在 4 棵树上建屋居住，当局在 2010 年 9 月 7 日一度成功清场。但 RobinWood 的成员很快在 9 月 17 日重新夺回树屋。

2010 年 8 月，斯图加特当地的名人组织起来发起了 "斯图加特上诉运动"，要求立即停工并启动公投决定工程命运，截至 2010 年 9 月 20 日已经有 6.6 万人联署。

2010 年 9 月 24 日，斯图加特的宗教人士出面尝试调解，邀请支持和反对双方代表会面。但原定于 9 月 27 日的第二轮会谈，被反对工程的示威团体单方面叫停，他们指责工程方并没承诺停止拆卸火车总站南翼的工程和宫廷花园的清理工作，对他们并不公平。

2010 年 9 月 30 日，反对工程的示威者面对最大规模的警方清场行动。当日示威者在宫廷花园静坐和坚守树屋，遭到当地警察和德联邦当局自莱茵兰 – 普法尔茨、北莱茵 – 威斯法伦、巴伐利亚和黑森四州调来增援的警察，以警棍、水炮、催泪气体和胡椒喷雾镇压，导致 400 多人受伤。

2010 年 10 月 1 日，此次镇压导致斯图加特市至今最大规模的反对"斯图加特 21"工程的示威游行，游行组织方表示有 10 万人参与。

（3）事件的解决

2011 年 11 月 27 日，斯图加特议会决定就久拖不决的"斯图加特 21"火车站改建项目正式进行全民公投，以结束各方对该项目多年来的互不妥协和争论不休。按照法律，需要至少 1/3 的公民，即约 250 万人反对修建地下贯通式火车站才能推翻"斯图加特 21"项目。虽然这对于反对者来说面临的困难是相当大的，但反对方也作出承诺会坚决拥护全民公投的结果、并用实际行动支持选举结果。两天后的全民公投结果表明，赞成改建斯图加特总火车站的公民占 58.8%，项目反对者占 41.2%，无一人弃权。随后，"斯图加特 21"项目反对联盟组织宣布承认并接受失败。巴登符腾堡州长也表示："我们将接受这个投票结果，因为这是整个州政府共同做的决定。"

（4）事件的反思

第一，类似德铁这类大型企业与市民社会之间传统的力量关系发生了改变。德国历史上从未有类似的事情发生过，即斯图加特市民组织的抗议活动最终迫使政府以全民公投的方式决定"斯图加特 21"这一超级改建工程的命运。公民个人逐渐意识到自己在环保公益领域的诉求主体地位，维护其知情权、提出异议权和环境诉讼等法定权利。有人引用法国《环境宪章》第 7 条的规定来支持这一理念，即在法律规定的条件和限制下，每一个人都有权获得由政府当局掌握的与环境相关的信息，并参加会对环境产生影响的公共决定的制定。

第二，政府组织展开讨论，进一步论证"斯图加特 21"项目的科学性和可行性。德国总理默克尔强调，为了工程建设的推进，德政府必须证明该项目是可靠的。同时，要求"斯图加特 21"项目负责人提出具体的物种保护方案和物种迁移物种栖息地的行动计划，并邀请环保专家全程监督有关物种的调研工作和栖息地的施工建设。以蜥蜴种群迁移计划为例，项目发言人沃尔夫冈·迪特里希表示，为了保护好德国珍贵的蜥蜴物种，他们特地在三个地点建立了占地 1.3 公顷的替代性蜥蜴栖息地，里面装设了隐蔽的干石墙、低矮灌木和砾石路面，并用木桩和沙地为产卵中的蜥蜴提供保护，这一理想的蜥蜴栖息地将于 2013 年竣工。此外，还邀请独立专家和环保人士研究受影响地区的树木人口比例，制定植被保护措施，种植果树，护理果园，建设沿铁路绿化带。

第三，警方开展内部自查工作，反思之前疏散工作不力的原因。德国国内舆论认为，警方没有及时科学地舒缓对立情绪，在工程拆迁施工进行中没有制定考虑完备的疏导方案，导致冲突升级，大量示威民众受到不同程度的擦伤、割伤以及韧带损伤，还有人因水炮而失明，其中包括许多儿童和老年人，因而内政部官员需要对疏散过程中示威游行参加者的受伤负责。正是由于批评警方的不当行为使得示威冲突由风险升级为事实，内政部长厄兹戴米尔发表公开道歉。

第四，确认项目相关者的利益诉求，保持各方独立的立场，将双方诉求交予民意基础上的民主决策。项目施工方德国铁路总裁格鲁伯表示，德铁在斯图加特市建设的是一个先进的火车站，而不是一个核反应堆，对旷日持久的示威浪潮表示震惊，认为德铁是按照与政府的合约施工，不存在法律异议，因而不会暂停工程。同时他也表示，斯图加特市民有举行示威游行的权利，他呼吁示威者保持和平的抗议，但工程的命运最终由各级议会决定。

总之，正如德国学者费德理乌斯表达的，以环保著称的欧洲时常发生由重大项目引发的环保争议和示威。这迫使各国越来越认识到，应该让民众更多地参与大项目的事前评估。首先，这是民众的一种民主参与，可以激发民众的主人翁精神，集思广益。其次，也可防止政府在一些大项目上的疏忽。最后，民众参与可让政府卸下沉重的包袱：上大项目对政府也是压力，通过广大民众参与，可让部分反对者明白大多数民众的主流意见。

1.4.3 日本新干线"邻避"事件[①]

新干线是日本的高速铁路客运专线系统，是全世界第一条载客营运高速铁路系统。时至今日，新干线已成为日本的文化符号之一，吸引着世界各地的人乘坐

---

① 资料来源：徐超："日本新干线邻避事件"，腾讯网：https://finance.qq.com/a/20130107/002931.htm。

旅游。但 1964 年 10 月 1 日东海道新干线开通以后十几年时间里，由于没有实施有效环境措施，也曾给沿线居民带来难以接受的噪音和震动。1986 年 3 月，经过长达 12 年的诉讼战，日本国铁公司向名古屋受害民众支付 5 亿日元精神损害赔偿，并承诺降噪减震。

（1）名古屋新干线公害诉讼

新干线运行 10 年后的 1974 年 3 月 30 日，575 名紧邻东海道沿线 7 千米区间的居民向名古屋地方法院提起诉讼。其依据是《日本国宪法》第 13 条所规定的"幸福追求权以及环境权"。

诉状称，新干线的运行所造成的高分贝噪声、剧烈的震动导致原告头痛、自律神经失调，对原告的身体健康造成了损害。同时，新干线的噪声、震动还给原告的会话、睡眠带来了极大的妨碍，严重影响了原告生活。因此，原告要求日本国国铁公司（下称国铁公司）停止新干线的运营，并对已有和未来的损失赔偿 5.5 亿日元。

国铁公司的代理律师称，国铁公司在新干线的开发前和开发后，都尽最大的努力采取了相关措施。例如，对部分居民的房屋加护了防音措施，并建议一部分居民搬迁。律师发问道，部分居民拒绝救济行为，固执地要求新干线减速，东京至大阪共有 51 个车站，如果这 51 个地方都像名古屋这样减速的话，就会退回到新干线技术以前的水平，那么新干线的作用如何得以发挥？

名古屋新干线诉讼案，自 1974 年 3 月 30 日提起诉讼至 1980 年 9 月 10 日一审判决，历时 6 年半，共开庭 63 次。一审法院的判决结果并没有过多倾向于当地居民，判决要求被告国铁公司赔偿原告以前遭受的精神损害，原告每人可获得的最高赔偿数额为 100 万日元。对于将来的损害赔偿要求，一审法院则予以驳回。对于原告的新干线减速要求，一审法院以最高法院尚无定论为由不予受理。

由于原被告双方对于一审判决的结果均不满意，诉讼进入二审。名古屋高等法院仍旧驳回了原告的减速请求，但判决被告国铁公司应给予原告人均 66.5 万日元的赔偿。赔偿总额达到 3 亿日元。

名古屋高等法院判决后，原告和被告均向日本最高法院提出了上诉。1986 年 3 月，双方在诉讼外达成了和解协议。原告在被告承诺竭力防止噪音和震动的前提下，获得了国铁公司 5 亿日元的精神损害赔偿，相当于人均 87 万日元。

根据统计资料，1986 年，日本国民平均年收入为 362.6 万日元，因此赔偿金额大致相当于人均年收入的 1/4，一个四口之家所获得的赔偿大抵相当于一个成人的年收入。

（2）事后解决措施

在最初的十几年间，在名古屋外，新干线沿线大批居民进行了长年的噪声投诉。除了给予赔偿，官方还采用科技攻关的办法降噪减震。虽然是全世界第一个成功的高速铁路系统，新干线最初采用 0 系列机车，无论从列车上或线路上都未考虑太多的防噪措施。因此距离铁路中心线 25 米，高于地面 1.2 米处，噪音的最大声级可以达 90 分贝。

1982 年以后，日本新干线公司在新干线两侧加装了 2 米高的声屏障，将噪声降至 79.5 分贝。1985 年以后，新干线公司陆续推出 100 系列、200 系列等四种机车车型。1997 年推出的 500 系列机车的车型，可以说是中国"和谐号"动车的参考车型，子弹头形状的长鼻型车头有效减少了空气阻力和气动噪声。

相比于 1964 年的 0 系列机车，500 系列机车的速度已从每小时 220 千米提高到每小时 300 千米，但相应的噪音则从 90 分贝下降到了 74 分贝。

名古屋新干线公害诉讼案让日本国铁公司吸取了教训，但是经验的积累仍是一个渐进的过程。大量的居民投诉导致日本国铁公司在技术准备不够充分的情况下建起大量声屏障，由于当时无充分的理论计算、实验研究和结果验证，后来出现许多区域声屏障仍不达标的状况。铁路部门只好再增大资金投入，对声屏障加高或改型。

国内相关研究者认为，如果说有一条教训可以吸取，那么日本新干线留给30 年后中国的就是做好环评，在损害发生之前尽量避免或者降低。

1.4.4 厦门 PX 项目事件[①]

厦门的夏天，炎热潮湿。距厦门市中心大约 7 千米的海沧，有一片刚刚被清理出来的空地，空地中间有一小片绿油油的菜田，几个农民正在采摘小白菜。这就是海沧工业园区，厦门的大部分工厂都集中在这里。那一小块临时菜地，就像是夹杂在沙漠中间的绿洲，显得如此突兀。其实，这块只能为几户农民赚点零花钱的菜地本应成为一座年产 80 万吨对二甲苯（p-xylene，简称 PX）的化工厂，预计每年能为厦门市的 GDP 贡献 800 亿元人民币。那么，是什么让这个投资 108

---

① 资料来源：厦门 PX 项目事件，百度百科：https://baike.baidu.com/item/厦门 PX 项目事件/5814508；曾繁旭、蒋志高："厦门市民 PX 的 PK 战"，南方人物周刊；http://news.sina.com.cn/c/2007-12-28/173414624557.shtml；袁越："厦门 PX 事件"，《三联生活周刊》2007 年 10 月 15 日。

亿元的化工项目变成了菜地呢？

（1）事件背景

厦门 PX 项目事件，是指对 2007 年福建省厦门市海沧半岛计划兴建的对二甲苯（PX）项目所进行的抗议事件。该项目由台资企业腾龙芳烃（厦门）有限公司投资，将在海沧区兴建计划年产 80 万吨对二甲苯（PX）的化工厂。厂址设在厦门市海沧投资区的南部工业园区。该项目于 2004 年 2 月由国务院批准立项，2005 年 7 月国家环保总局审查通过了该项目的《环境影响评价报告》（以下简称"环评报告"），国家发展和改革委员会将其纳入"十一五" PX 产业规划 7 个大型 PX 项目中，并于 2006 年 7 月核准通过项目申请报告，2006 年 11 月正式开工，计划 2008 年 12 月完工投产。然而，该项目自立项以来，遭到了越来越多人士的质疑。因为厦门 PX 项目中心地区距离国家级风景名胜区鼓浪屿只有 7 千米，距离拥有 5000 名学生（大部分为寄宿生）的厦门外国语学校和北京师范大学厦门海沧附属学校仅 4 公里。不仅如此，项目 5 千米半径范围内的海沧区人口超过 10 万，居民区与厂区最近处不足 1.5 千米。而 10 公里半径范围内，覆盖了大部分九龙江河口区，整个厦门西海域及厦门本岛的 1/5。而项目的专用码头，就在厦门海洋珍稀物种国家级自然保护区，该保护区的珍稀物种包括中华白海豚、白鹭、文昌鱼。由于担心化工厂建成后危及生态环境与民众健康，该项目遭到百名政协委员联名反对，市民集体抵制，直到厦门市政府宣布暂停工程，迁建 PX 项目至漳州漳浦，事件才得以平息。

（2）事件过程

2007 年 3 月，在第十届全国人民代表大会第五次会议和中国人民政治协商会议第十届全国委员会第五次会议上，中国科学院院士赵玉芬等 105 名全国政协委员联名签署提案，建议厦门 PX 项目迁址。此举引起了媒体和民众的强烈关注。

2007 年 5 月下旬，随着工程的推进，更多的信息通过媒体、网络等渠道被披露，对厦门海沧 PX 化工项目一无所知的厦门市民接到了一条短信，短信的内容是："翔鹭集团合资已在海沧区动工投资（苯）项目，这种剧毒化工品一旦生产，意味着厦门全岛放了一颗原子弹，厦门人民以后的生活将在白血病、畸形儿中度过。我们要生活、我们要健康！国际组织规定这类项目要在距离城市 100 公里以外开发，我们厦门距此项目才 16 公里啊！为了我们的子孙后代……见短信后群发给厦门所有朋友！"同样的内容也在厦门人经常去的论坛和博客中广泛传播。PX 这个陌生的字眼在短时间内成为街头巷尾热议的话题。一些市民准备以多种方式表达对在厦门上马 PX 项目的抵制。

5 月 28 日，厦门市环境保护局局长用答记者问的形式在《厦门日报》上解答了关于 PX 项目的环保问题。次日，负责 PX 项目的腾龙芳烃（厦门）有限公司总经理林英宗博士同样以答记者问的形式在《厦门晚报》发表长文，解释了 PX 工厂的一些科学问题。

5 月 30 日，厦门市常务副市长丁国炎召开了一个非常简短的新闻发布会，正式宣布缓建 PX 项目。

6 月 1 日上午 8 时许，"PX 风波"不期而至。为抵制 PX 项目落户厦门海沧区，三三两两的市民自发上街，手系黄丝带，开始以"散步"的形式，集体在厦门市政府门前表达反对意见。当事者回忆称，散步在平静的气氛中进行，无论市民还是警方，都没有过激行为。警察在人群前头的道路两侧封锁交通，为"散步"的人群开辟安全通道。示威人士占据主要街道，手上举着写有"反对 PX，保卫厦门""要求停建，不要缓建""爱护厦门，人人有责""保卫厦门，拒绝劈叉""STOP PX""抵制 PX 项目，保市民健康，保厦门环境"等字样的横幅及标语，领头者头戴一个防毒面具，要求市政府终止兴建化工厂的计划。

6 月 1 日下午 3 时 30 分，厦门市政府召开紧急新闻发布会，说明 PX 事件已经全面停工并正在重新组织区域规划环评，时间将在半年以上。期间市民若有建议，可以通过正常渠道向市政府反映，由市政府转达有关专家。

6 月 2 日下午 3 时许，人群散去，群体性事件得以平息。

（3）事件的后续解决

2007 年 6 月 5 日，厦门市政府启动"公众参与"程序，广开短信、电话、传真、电子邮件、来信等渠道，充分倾听市民意见。

6 月 7 日、8 日，厦门市科协印刷了数万份宣传册，随《厦门日报》散发给市民。这份名为《PX 知多少》的小册子图文并茂，用通俗的语言解释了 PX 的基本情况。

12 月 5 日，国家环境保护总局公布的环评报告结论为，厦门市海沧南部空间狭小，区域空间布局存在冲突，厦门市在海沧南部的规划应该在"石化工业区"和"城市次中心"之间确定一个首要的发展方向。报告同时披露：海沧现有的石化企业翔鹭石化（PX 项目的投资方）5 年前环保未验收即投入生产，其污染排放始终未达标。

12 月 13 日，厦门市政府以市民座谈会的形式开启公众参与。驻厦媒体包括新华社、《人民日报》、《光明日报》等，以及厦门本地媒体，获准入内旁听。整场座谈会持续 4 个小时。最终，49 名与会市民代表中，超过 40 位表示坚决反对上马 PX 项目，随后发言的 8 位政协委员和人大代表中，也仅有一人支持复建项目。

12 月 14 日，第二场市民座谈会继续举行。第二场座谈会有市民代表、人大代表和政协委员等 97 人参加，62 人发言。在座谈中，除了约 10 名发言者表示支持 PX 项目建设之外，其他发言者都表示反对。座谈会上，曾对海沧区做过独立环境测评的厦门大学袁东星教授，用数据及专业知识对 PX 项目表示反对。

12 月 16 日，福建省政府针对厦门 PX 项目问题召开专项会议，最终决定迁建 PX 项目。最终，该项目落户漳州漳浦的古雷港开发区。

2009 年 1 月 20 日，环境保护部正式批复翔鹭集团的 PX 和 PTA（精对苯二甲酸）两个项目，项目已确认落户与厦门相隔近百千米的漳州古雷半岛。

面对新的时代，显然，传统的社会治理模式需要改变。中国社会是一个转型社会，在现代文明的背景之下，这样的转型只是社会治理模式的转变，转向现代化的公共治理。如何把民间内生的力量引入公共治理，用以重建秩序，正是当下中国的一个重大命题。

1.4.5　浙江余杭中泰九峰垃圾焚烧厂事件[①]

浙江省余杭区中泰乡，地处杭州市余杭区，距杭州市中心 25 千米左右，有着"中国竹笛之乡"的美名，但就是这样一个平静祥和、风景秀美的小镇，在2014 年 5 月却成为了一个愈演愈烈的风暴中心。原因是杭州市政府规划在中泰乡九峰村建造一个日烧 3000 吨的垃圾焚烧发电厂，一旦建成，这将成为当时亚洲最大的垃圾焚烧发电厂。

（1）事件背景

由于杭州市面临"垃圾围城"困境，位于杭州城西片区的仓前垃圾处理工厂的垃圾处理已经处于超负荷状态，且没有扩建余地，所以需要在中泰乡九峰村新建一个垃圾焚烧发电厂。杭州市余杭区中泰乡九峰村生活垃圾焚烧发电厂项目是杭州市政府主导项目，中泰垃圾焚烧厂规划选址中泰乡原九峰矿区，四面环

---

① 资料来源："余杭中泰垃圾焚烧厂事件"，百度百科：https://baike.baidu.com/item/余杭中泰垃圾焚烧厂事件/13867257；"杭州市余杭区中泰乡九峰村生活垃圾焚烧发电厂项目"，百度百科：https://baike.baidu.com/item/杭州市余杭区中泰乡九峰村生活垃圾焚烧发电厂项目/13864257；"余杭中泰垃圾焚烧厂事件"，百度文库：https://wenku.baidu.com/view/7da2d24683d049649a665873.html。

山，占地面积为 104 697 平方米，日处理垃圾 3000 吨。2014 年 4 月 22 日，浙江省住房和城乡建设厅政务办理中心发布《关于（杭州市）杭州九峰垃圾焚烧发电工程的批前公示》，以广泛接受社会监督。2014 年 4 月 23 日，据广播《交通之声》报道，杭州余杭区中泰乡九峰村规划建造垃圾焚烧厂的项目还在公示阶段，该项目已引起中泰乡、老余杭、闲林等附近居民和诸多社区住户的忧虑，他们担心焚烧厂的建设所产生的烟尘，排放的二噁英等有害物质会影响周边的空气、水源和土壤等，并对周边居民的身体健康产生影响。环保志愿者说，在垃圾厂选址的附近，除了本地村民之外，还有大片的商品住宅区，大小楼盘共有 50 多个，约有居民 50 万人。此外，焚烧厂毗邻众多水源地，离余杭区的自来水取水点苕溪，只有四五千米，离临安的青山湖只有 3 千米，离杭州市的备用水源闲林水库也只有七八千米，并且当地也是重要的龙井茶产地，这引发当地村民对环境污染的担忧。

（2）事件过程

据当地居民介绍，2014 年 4 月 24 日，杭州城区居民以及周边村村民就已经向杭州市规划局提交了一份 2 万多人反对九峰垃圾焚烧发电厂的联合签名，以及 52 人要求对《杭州市环境卫生专业规划修编（2008—2020 年）——修改完善稿》公示提出听证的申请。杭州市规划局 24 日出具了一份书面答复，称将对这些申请材料予以承办、给予答复。

2014 年 5 月 7 日，当施工车辆驶进中泰乡九峰村的杭州市沥青拌和厂时，村民们意识到，垃圾焚烧厂真的要开工了。没多久，附近多个村庄的村民闻讯赶来，劝告开施工车的司机尽快撤出。与此同时，"垃圾焚烧发电厂秘密开工"的信息在中泰乡村民中流传。多名村民得知在没有进行环境影响评价和相关批示的情况下，大型施工机器就要开进垃圾焚烧厂位置施工。随后，垃圾焚烧厂选址处聚集了 1000 余名居民，当晚 9 点，聚集的居民已达到上万人，他们打出"坚决反对中泰乡建设垃圾焚烧厂"的标语，但现场一直比较平和。

5 月 8 日上午，村民们封堵在高速桥下不让机器进入，现场不断有食物和水送进来，并且有老百姓将炊具、炉灶、大米等带入焚烧厂选址地。随后，针对备受关注的杭州九峰垃圾焚烧发电厂项目，杭州市召开垃圾处置专家媒体沟通会。

5 月 9 日，经杭州市政府同意，余杭区委、区政府已发布了《关于九峰环境能源项目的通告》，明确了"在没有履行完法定程序和征得大家理解支持的情况下一定不开工，九峰矿区停止一切与项目有关的作业活动；九峰项目前期将邀请当地群众全程参与，充分听取和征求大家意见，保证广大群众的知情权和参与权；希望广大群众不要再到九峰矿区和中泰街道办事处集聚"等三条意见。希望部分群众能保持理性，依法按正常渠道表达诉求，共同维护好正常的社会公共秩序。

但是该通告的发布，并没有立即平息民众激愤的情绪。

5月10日上午9时许，在九峰村通往焚烧发电厂建造地的一条长约为500米、宽为5米的柏油路上，聚集了五千多人，都是来自附近村和余杭区的居民。下午3时许，有居民爬到穿过九峰村的零二省道和高速路上，想让过往车辆看到他们的抗议，造成车辆拥堵。有群众举着"抵制垃圾焚烧，保护绿色家园"的白色条幅，很多人站在高速路上，造成两边的车辆无法通行。据居民介绍，当天有大批警力到现场维持秩序，警方在高速公路想要驱散抗议的群众，双方为此发生了言语、肢体冲突。

5月11日，杭州市政府召开新闻发布会，就杭州城西余杭区九峰垃圾焚烧项目做出必要的解释，并对2014年5月10日数千群众在余杭中泰及附近地区聚集一事做权威发布。5月11日零时许，现场秩序基本恢复正常。

（3）后续处理

事件发生后，经公安机关调查，迅速将一批涉嫌聚众扰乱公共秩序、妨碍公务和寻衅滋事的犯罪嫌疑人抓获归案。公安机关对53名涉嫌犯罪的嫌疑人刑事拘留。

当地政府通过开展与民众代表对话、召开新闻发布会、座谈会等形式的公众参与工作，最终使得项目顺利落地建设投产。

（4）发生群体事件原因分析

该项目在规划阶段就遭遇强力抗议并导致大规模群体性事件的原因如下。

第一，项目规划选址过程中没有与当地居民做好充分而且深入的沟通；当地居民并没有得到一个普及教育或参观示范工程的机会。

第二，项目的推进没有在一个公开透明的环境中进行监督运行；项目从一开始立项到确定选址，并没有征得当地居民的同意，忽视了居民的心理诉求和利益。

第三，针对居民的不满，政府没有顺畅的民意回应渠道和机制，导致反抗事件出来，居民只能通过媒体曝光和上街游行抗议的方式来表达民意。

（5）化解"邻避"问题主要做法

Ⅰ. 积极做好宣传与公众参与工作

当地政府组织城建、规划、环保等领域的专家与民众代表展开对话，邀请全国垃圾焚烧和处理方面的专家就公众关心的问题进行解答。2014年5月，杭州市政府就杭州九峰垃圾焚烧发电厂项目召开了新闻发布会，会上表态，未经过法定程序和取得群众支持前，九峰垃圾焚烧发电项目绝不会开工。同年 9 月，杭州市政府再次召开新闻发布会，对项目相关情况进行说明，并发布规划选址公告和环评第一次公示，介绍环境影响评价的主要工作内容并征求公众意见。

为让市民群众更好地了解项目的科学性和合理性，2014 年下半年，余杭区和临安区分批组织 4000 多位市民赴广州、南京、苏州、常州等地相关环境能源项目进行参观考察。杭州市、区有关部门还积极邀请市民群众全程参与项目的前期工作，让群众对同类项目建设和运营标准进行比选，自主选择业主单位。

Ⅱ. 提供政策支持，完善周边基础设施建设

杭州市政府单独为中泰区域下达了 1000 亩①土地空间指标，以及给予每吨75 元的垃圾异地处置补贴等政策支持。余杭区也制定出台了扶持该区域旅游景区开发和智慧产业园等建设方案，并在当地提前实施道路、公交、饮水、文体等一大批民生实事工程，确保群众有明显的获得感。

Ⅲ. 引入第三方监管机制

此外，针对群众最担忧的就是焚烧项目建成投运以后，可能出现业主"偷排、漏排"导致设计时的预期要求与实际投运以后的管理不匹配的问题，余杭区引入第三方监管机制，建立了"居民随时监督"模式，以政府公告形式向社会承诺，若发现有"偷排、漏排"问题，就立刻让项目关门。2015 年 5 月，浙江余杭中泰九峰垃圾焚烧厂项目最终实现原址开工建设。

（6）重要启示

Ⅰ. 以群众感受为关键导向

以群众感受为导向的决策优化过程。在"邻避"项目的推进过程中，政府要以群众感受为关键导向，让群众看见实实在在的好处，而不是一味让周边群众承担责任与义务而看不到希望、得不到实惠。通过实施"获得感"决策，给予当地群众合理的政策支持，使当地群众因项目落地获得更大发展机会和前景；通过实施"承诺感"决策，以政府公告形式向社会承诺，加强项目建设运行的环境监管，定期向社会公开项目投运期的环境影响情况，真正做到让群众放心。

Ⅱ. 完善的沟通及民意回应机制

余杭中泰九峰垃圾焚烧厂从发生群体性事件到项目能够最终落地，皆在于民众沟通及民意回应机制是否完善有效。可见，完善沟通及民意回应渠道及机制，

---

① 1 亩≈666.7 平方米。

是打开政府与群众对话的钥匙，实现化解"邻避"冲突、实现项目顺利实施的第一步。研究行之有效的民意沟通与回应机制迫在眉睫。

Ⅲ. 建立政府公信力，树立良好形象

不管是政府公开承诺，还是引入第三方机制，都是政府建立公信力，提高良好形象的具体措施。政府良好的形象及公众对政府的良好的信任力是"邻避"项目顺利推进的保障。因此，如何提高公信力，建立良好形象，值得政府部门认真研究。

第 2 章 │ 广东省环境社会风险历史渊源与现状特征

2.1 广东省"邻避"问题的历史与现状

2.1.1 广东省"邻避"问题的历史渊源

广东省作为中国经济和人口第一大省，经济社会的快速发展、城市规模的急剧扩张，公众环保意识和维权意识的持续觉醒，面临的"邻避"问题具有超前性，与其他省份相比，广东省的"邻避"问题爆发的时间更早、矛盾更突出、影响也更广泛。据统计，2005~2017年，广东省共发生了122起"邻避"型抗议事件，是我国内地发生"邻避"冲突事件最多的省份（鄢德奎和李佳丽，2018）。众所周知，2007年的厦门PX项目群体性抵制事件正式拉开了我国内地"邻避"时代的序幕。紧随其后，广东省先后爆发了2009年番禺垃圾焚烧发电项目公众抵制事件、2011年东莞虎门垃圾焚烧项目抗议活动、2012年深圳宝安幸福花园变电站建设"邻避"冲突、2013年江门鹤山核电项目群体性抗议事件、2013年广州花都狮岭垃圾焚烧发电厂抗议事件、2014年茂名PX项目抗议事件、2014年茂名化州抗议建火化场事件、2015年汕尾陆丰碣石核电项目抗议事件、2015年清远城区垃圾中转站抗议事件、2015年深圳坪山新区垃圾焚烧发电厂集体抗议事件、2016年肇庆高要垃圾焚烧发电厂项目抗议事件、2017年花都新华骨灰楼项目公众抗议事件、2017年清远飞来峡垃圾焚烧厂项目群体性事件等"邻避"抗争行动（陈明慧，2017）。

2005~2017年广东省的"邻避"型群体性事件呈现出显著的广东特色，从时间上看，2014年是一个分水岭，从这一年开始，"邻避"冲突事件开始呈现大幅增长态势，"邻避"事件开始更频繁地进入公众的视野，也让越来越多的人开始关注起"邻避"问题。从发生"邻避"冲突的行业看，主要发生在垃圾焚烧处理项目、变电站项目、基站及信号塔项目、骨灰楼/殡仪馆/火化车间项目、核电项目、PX 项目等。据统计，垃圾焚烧处理项目成为"邻避"效应最集中高发的领域，从 2011 年 3 月到 2015 年 11 月，关于垃圾焚烧处理项目的信息披露每到一定的时间点就会呈现爆发式增长，尤其从 2014 年下半年开始，广东十多个地区的垃圾焚烧项目引发了千人以上规模的抗议行动，平均每 45 天就有一个地区民众对当地垃圾焚烧项目爆发抗议行动。"邻避"项目引起群体性抗议时大多处于选址阶段、公示阶段以及施工阶段，其中选址阶段发生的"邻避"事件最多，潜藏的舆论风险最大。

从地域分布看，重大"邻避"事件主要集中在特大城市，如广州、深圳以及珠江三角洲的较为发达城市，究其原因，广深地区作为全省经济最发达的特大城市，率先引领广东省城市化发展进程，不可避免地率先面临城市化发展过程中造成的一系列包括"邻避"在内的问题。而珠江三角洲地区政府开放程度、媒体发达程度、市民文化程度、学术界的聚集程度均位于广东省领先地位，在如此背景下，珠江三角洲等发达地区的"邻避"项目落地问题，更易于引发大规模的媒体报道、学术界讨论、市民上街聚集抗议等行为。

"邻避"效应集中连片地爆发，曾在过去一段时间里，使得全省一批关系国计民生的重大项目建设陷入了"一建就闹、一闹就停"的困境，而地方政府通常以"维稳"为出发点，以公众抗议行动的终结为最终目标，将"邻避"现象视作给社会稳定和政府管理带来冲击的公众抗议事件，采取压制策略或妥协策略或混合策略应对"邻避"危机，这形成了地方政府早期治理"邻避"的路径依赖。公众与政府的关系在一定程度上进入到"塔西佗陷阱"，政府对项目的"无害"承诺在民众中可信度不高，因缺乏成功成熟的示范项目，民众对项目上马的疑虑、抵制尤为激烈，并裹挟着土地拆迁补偿问题、村干部贪腐等基层治理历史遗留问题一同爆发，一度进入"封闭决策—公众反对—政府压制—冲突升级—停建妥协"的恶性循环和多输局面。

2.1.2　广东省"邻避"问题的现状与形势

2.1.2.1　"一建就闹、一闹就停"局面基本得到缓解

当前，广东省经济正处于由高速增长转向高质量发展的攻坚期，由环境问题引发的"邻避"问题已成为影响社会稳定的重要风险来源之一。按照党中央、

国务院部署，2017 年广东省被列为涉环保领域"邻避"问题防范与化解工作五个试点省（市）之一，在省委、省政府高度重视下，多部门组成的联席会议制度积极推进了广东省"邻避"试点工作，当前广东省"邻避"问题防范化解工作格局初步形成，制度建设逐步完善，工作能力明显提升，涉环保"邻避"问题群体性事件高发频发势头得到有效遏制。据研究报道，2005~2016 年，广东省是全国范围内"邻避"问题群体性事件发生数量最多的省份，达 120 件，远高于紧随排名的浙江（42 件）、湖北（34 件）、上海（32 件）、四川（31 件）和江苏（30 件）等省份（鄢德奎和李佳慧，2018）。近 5 年来随着省委省政府对"邻避"防范化解工作重视程度的提升和系列科学决策部署的落实，相关群体性事件发生数量呈现出逐年显著下降趋势。两年来全省稳妥推动了近百个污染防治攻坚重点工程及中海油惠州炼化、陆丰火电项目、中广核广东太平岭核电项目、广湛高铁等一批重大项目顺利建设、投产，因"邻避"问题搁置十多年的茂名循环经济示范中心、清远市垃圾焚烧项目也已平稳动工；"十三五"末期，全省危险废物利用处置能力稳步提升，涉环保"邻避"项目"一建就闹、一闹就停"的被动局面基本得到了缓解，有力保障了经济社会的持续健康发展。

2.1.2.2 项目类型呈现新型特征

随着群众环保意识的增强，"邻避"问题也逐步由过去的污染工业企业逐步向固体废物处理类、交通设施类、重大石化、殡葬类等环保设施和民生项目延伸，其中生活垃圾处理类和危险废物处理类项目"邻避"问题较为突出，二者在涉环保"邻避"项目中占比超过半数以上，相对于试点工作开始设立的六大"邻避"重点领域（生活垃圾处理、重大石化、交通、涉核、殡葬、污染地块再开发），主要项目类型和表现形式均呈现出新的变化，新增了危险废物处理类、工业固废处理项目以及污水污泥处理类项目。

2.1.2.3 地域范围逐步从珠江三角洲地区向欠发达地区扩散

据相关统计，当前广东省涉环保"邻避"项目主要分布在珠江三角洲地区，其次是粤西地区、粤北地区和粤东地区。近年来，"邻避"问题的地域范围逐渐由发达地区向欠发达地区延伸，这与人民群众随着区域经济的发展对美好生态环境的需求同步提升的趋势基本一致，同时也进一步说明了防范化解"邻避"问题将是新时代生态文明建设重要的常态化内容。

2.1.2.4 涉环保"邻避"风险持续存在

广东省仍有一批中、高风险的待建项目急需落地，涉环保项目"邻避"风险依然突出。当前，涉环保"邻避"项目主要以低风险为主，但也存在一定的中风险项目和高风险项目，其中高、中风险项目主要类型为危险废物处理项目和殡葬项目。从建设状态看，绝大多数项目处于在建、拟建阶段，可见广东省未开工项目依然很多，涉环保"邻避"项目建设任务很艰巨。从行业分类来看，生活垃圾处理类和危险废物处理类项目"邻避"风险最大，其次是工业固体废弃物处理类、交通基础设施、殡葬、重大石化项目、涉核项目以及生活污水污泥处理项目等。加上广东省地处粤港澳大湾区的特殊区位，以"邻避""维权"为借口进行炒作的社会稳定风险持续存在。

2.1.3 广东省"邻避"问题的特征

2.1.3.1 公众诉求由单一化向多元化发展

随着生活水平的提升，当前公众对涉环保项目"邻避"问题的主要诉求不仅仅局限于物质层面（健康和财产）诉求，精神层面追求参与、权利、公平、程序正当正义以及"以环保"为由的其他利益诉求愈发成为"邻避"问题中公众的争议焦点。项目选址不科学、决策程序不公正、利益被代表、诉求表达不畅通都会诱发群体性事件，生态环境问题极容易演变成社会矛盾的引爆点。当前多宗环境维权群体性事件的背后，不仅仅是业主客观上希望通过投诉，迫使政府部门加强执法监督，实施污染整治，改善人居环境，提升房产价值，而确有利益集团放大环境影响，助推业主投诉，企望借环保之手为其后期项目开发"铺路"。

2.1.3.2 "邻避"问题的风险叠加效应凸显

新形势下，人民对于美好生活的需求促进了对环境健康、房产价值、商业发展的期待，伴随着各种发展的不平衡，各种公共设施不足、垃圾围城、污泥臭气等问题开始集中连片爆发，加上新媒体时代各类不良信息传输放大效应，进一步推动了民众对政府的不信任、对专家的不信任及对运营管理商的不信任。"邻避"问题已不再是单纯的生态环境领域风险，更多是多重社会风险的叠加，并进而带来社会稳定的风险。

2.1.3.3 新媒体已成为反对"邻避"项目的主渠道

新媒体及网络的发达具有双刃剑作用,覆盖面广、交流便捷、身份隐匿等特征成为策动社会风险行为的主要扩散渠道,也是政府了解社会风险进展、预警群体行为的有效途径,百度贴吧、微博等均存在反对"邻避"项目的帖子,部分临时聚集的社会群体与冲突行为,往往源于微信群的一声号召,手机、微信、公众号等新媒体已成为反"邻避"主渠道。若不将冲突消解在初级阶段,这种情况下,所造成的舆论影响力将远超预期。

2.1.3.4 大湾区战略背景下"邻避"传导扩散风险不容忽视

"邻避"事件具有较强的传导性,区域问题会通过传导、叠加并诱发其他地区效仿。随着厦门 PX 事件、广东番禺垃圾焚烧项目事件等"邻避"冲突的爆发,后续茂名 PX 项目、肇庆禄步镇垃圾焚烧项目、惠州环境园垃圾处理项目等相似的项目均相应出现了群体性事件的传导现象,并且出现境外媒体、香港某些媒体及一些网站的炒作。随着粤港澳大湾区战略的全面推进,广东省毗邻港澳的特殊区位更需防范"邻避"效应在区域层面的传导与叠加,特别是一些境外势力幕后组织策划,借环保维权之名,鼓吹公民反对、异化公众参与达到破坏我国社会稳定的政治目的。

2.1.3.5 政府应对"邻避"冲突水平稳步提升

近年来,广东省各级政府在防范与化解涉环保项目"邻避"问题方面逐步摸索出一些行之有效的办法,虽然"邻避"项目"逢建必反"仍然是常态,但通过一系列地方性规范文件及指导政策的出台,加以系统深入的培训宣传,各级党委、政府在应对"邻避"纠纷时不再采取"一闹就停"的被动应对模式,通过全省涉环保"邻避"建设项目台账化管理,将群众沟通工作做在前,系统排查梳理风险环节,提前防范各类风险,各类项目基本得到较好推进,应对"邻避"冲突水平稳步提升。

2.1.4 "十四五"阶段广东省"邻避"问题主要风险来源

2.1.4.1 重大项目集中建设带来的风险隐患

疫情稳定后,广东省将加快推进一批被耽误工期和进度的在建、拟建重大项目与基建设施，通过扩大基础设施建设投资作为疫情稳定后经济恢复及加快粤港澳大湾区建设的重要举措，一批交通、石化、能源等传统大型基建项目将密集建设，从而可能引发新的"邻避"风险隐患。

2.1.4.2　污染防治攻坚压力下存在的风险

伴随着"十三五"的收官，各地经济社会发展及生态环境保护目标完成压力大，在部分攻坚滞后项目推进中为赶进度，可能出现决策、程序不到位问题，损害企业或群众合法利益，引发环境社会风险。而面临"十四五"开局，在继续深入打好污染防治攻坚战的大背景下，仍有许多惠及国计民生政策需出台，仍有不少环境基础设施需要建设，处理不好也容易引发"邻避"问题。

2.1.4.3　后疫情时期公众对环境健康更为关注

经历新冠肺炎疫情后，公众势必会对身体健康、环境安全等方面更为敏感、更加关注，若对身边存在的环境问题诉求疑惑得不到及时回应和解决，加上外部势力影响，因环保问题发起群体性抵制抗议行动可能升级扩大。

2.1.4.4　重大决策失误可能会引发社会稳定风险

随着国际形势愈加复杂，意识形态、网络空间等领域的斗争更加激烈，各种敌对势力伺机滋事、借机插手激化人民内部矛盾纠纷的可能性加大。涉及人民群众切身利益的环保类政策、标准、整治措施，如把握不当，未严格落实风险评估规定，极易引发社会稳定问题。

2.2　广东省环境信访投诉的历史与现状

2.2.1　广东省环境信访投诉的历史渊源

随着生态文明建设的不断深入、经济社会的加速转型以及社会利益格局的调整，广东省环境信访形势发生了很大变化。一方面随着改革开放的深入，城市化进程的不断推进，经济高速发展的同时也带来严峻的环境挑战，工业企业数量众多、工商业与居住区交错混杂，环境污染的历史旧账和新增问题都难于在短期内得到明显改观，由环境问题引发的"楼企相邻"及"楼路相近"等环境矛盾日益突出；另一方面"绿水青山就是金山银山"的发展理念逐步深入人心，人民群众的环境意识有很大的提高，对环境污染和生态破坏有了更多的关注，对自身生存发展与生态环境的关系更加关心。清新的空气、洁净的水源、安静的环境、健康的生活成为了大家追求的共同目标，环境问题逐渐成为了社会各界关注的热点，也成为当前信访工作的焦点。

"十二五"以来，广东省生态环境信访举报数量高位运行，进入"十三五"后年均增长率大幅提升。据统计，2014～2019 年广东省环境信访案件数量基本占全国总量 1/5 强，呈现持续高位态势，以"楼企相邻"和"楼路相近"环境信访矛盾最为突出，容易出现抱团投诉、群体信访及过激言行等现象，如某地环境园因"臭气扰民"与邻市某小区爆发暴力事件，某地固体废物填埋场附近居民因臭气扰民产生"堵路"、"祭天祈福"等过激群体投诉事件，某地垃圾处理基地臭气扰民引发周边居民集体抱团投诉，小区窗户悬挂"臭""毒"横幅，甚至有居民扬言跳楼等过激行为。环境信访投诉矛盾，不仅直接影响市政设施的正常建设运行，更影响了政府的公信力和权威，一定程度上影响了广东省社会和谐稳定。

2.2.2 广东省环境信访投诉的现状与形势

2.2.2.1 信访量快速上升趋势得到有效遏制

近 6 年来，广东省环境信访举报量呈逐年上升趋势，其中，2015～2018 年呈现快速增长态势，年均增长率超过 10%，从 2019 年开始增长率显著快速下降。2020 年 11 月～2011 年 11 月广东省信访量与 2019 年和 2018 年同期相比均有明显下降，2020 年受理环境信访举报数量自 2001 年以来首次出现下降，信访举报量快速上升趋势得到有效遏制，总体呈现稳中向好态势。

2.2.2.2 环境信访举报主要分布在珠三角等发达地区

从全省环境信访案件区域分布来看，2014～2019 年，全省环境信访案件受理最多的地区集中在珠江三角洲地区，但呈逐年下降趋势，而粤东、粤北、粤西地区环境信访案件数量有所上升，其中案件量增长率排名靠前的地市主要分布在粤东。珠江三角洲地区经济发达区域信访总量占比显著，但增长率则反映出粤东西区域在城镇化快速推进、经济社会加速发展过程中，信访压力随之加大。

2.2.2.3 环境信访举报渠道主要以来电和邮件为主

调查数据表明，广东省信访投诉渠道主要以电话为主，其次为电子邮件（包含网络、微信及电子邮箱）、来信和来访。自2016年6月5日全国开通"12369环保举报"平台后，微信举报、网络举报呈高速增长趋势。

2.2.2.4 举报类型主要集中在大气和噪声污染

生态环境信访投诉主要以与群众感官、休息和健康密切相关的民生类环境问题为主，其中，大气污染类占比最高，噪声污染次之，其次是第三产业污染和水污染。纵观近6年环境信访举报类型的变化趋势，大气污染和噪声污染一直以来都是广东省环境信访投诉的主要类型，几乎占所有投诉类型的80%以上。值得注意的是，第三产业污染和固体废弃物污染虽占比较低，但年均增长迅速。

2.2.2.5 环境信访举报类型与地区产业结构关联

从环境信访举报类型与地区产业结构相关性分析来看，各地环境信访举报类型与地区产业结构呈现出较高的关联性。广州、深圳等特大城市大气污染和噪声污染投诉问题最为突出，主要以恶臭/异味、工业废气、建筑施工噪声和社会生活/娱乐噪声投诉为主。珠江三角洲地区城市群经济发达，环境信访投诉主要集中在水、固体废弃物、危险化学品三类污染。粤西、粤北地区在畜养/农药化肥污染投诉案件中居广东省前列。

2.2.3 广东省环境信访投诉的特征

2.2.3.1 部分领域诉求表达方式趋于极端化、暴力化

因历史规划的前瞻性不足，部分企业周边涉及群众众多，因担心其可能造成污染的恐慌和现有"邻避"项目造成的污染影响，极易使周边群众产生共同心理和行动，如果处理不及时或处置不当，极易引发群众集体信访、越级访或群体性事件，造成严重社会影响，甚至巨大损失。如某地环境园因市民投诉曾被暂停的污泥焚烧项目提标改造重启后，因邻市居民再次反对引起市民集体投诉。再如某地危险废弃物示范项目，遭到临近社区数百余名群众拉横幅反对，扬言如果项目强制落地，会组织赴领导机关反应情况、堵路阻挠开工等行为，随后相关政府

部门收到了有上千人签名按手印的投诉信。

2.2.3.2 多借助网络传播发酵扩大社会舆论影响力

涉"邻避"项目多借助网络传播发酵来向政府部门施压以求得利益诉求的解决，"大闹大解决、小闹小解决、不闹不解决"现象严重。现代社会是自媒体时代，几乎人人都有摄像机、麦克风、发射点，互联网已日益成为各类风险的策源地、传播器和放大器。近年来，凡"邻避"项目一旦公布，必然通过网络迅速传播，一些人甚至编造或夸大项目的负面影响，鼓动群众以聚集等形式反对项目建设。如某新建铁路项目在环境影响评价报告征求意见阶段，引发沿线群众强烈反响，反对意见集中，项目部分区域涉及周边社区近万户，业主通过微信、业主群等广泛联络，表达反对新建铁路规划的意愿，推动社会舆论影响进一步加剧。

2.2.3.3 参与主体趋于组织化、利益化

近年来，一些利益相关群体和部分势力成为幕后推手，推波助澜插手利用民生项目、信访问题以扰乱破坏我国发展稳定的事件呈增多趋势。特别是涉"邻避"项目，涉及人数众多，一些势力利用人民担心的心理，大肆炒作煽动，以达到扰乱社会安全稳定、损害党和政府形象、松动党的执政根基的目的。如某石化项目周边居民曾通过互联网串联反对项目建设，煽动开展线下聚集维权活动，该项目周边港澳籍居民较多，存在与香港舆情叠加等风险。此外，一些邻近的房地产商担心项目影响自己开发的商住楼销售，也会背后组织煽动一些群众反对项目建设，如某环境园发生暴力群体性事件，就是附近房地产商在背后出谋划策，为活动提供资金、餐饮等保障，鼓动业主积极参与，有统一服装、有后勤保障，且分工明确，呈现高度组织化特征。

2.2.3.4 利益诉求趋于追求程序公平正义

当前公众对涉环保项目"邻避"问题的主要诉求不局限于物质层面对健康和财产的诉求，精神层面追求程序正当正义以及以"环保"为由的其他利益诉求凸显，项目选址不科学、决策程序不公正、公众参与不充分、利益被代表、诉求表达不畅通都会诱发群体性事件。如某水泥厂曾遭公众联名信反映在公众不知情的情况下私自建厂，质疑公众参与程序的有效性，质疑该厂采用欺骗、施压等方式开展工作，其中一名信访人为某村小组组长，表示就该项目的选址未召开村

民代表会，村民不知情，同时质疑项目选址的合理性。又如某循环环保项目遭公众联名信反映，质疑项目选址的科学性和合法性，认为项目存在"未批先建，未询先建"行为。再如某工业服务中心项目的环评报告公示渠道的有效性受到群众的质疑，认为该公司网站为香港网站，没有在相关部门备案，属于非法网站，公示信息无效，同时质疑媒体渠道在本地并非主流，很难在市面上买到或在网络上搜索到该媒体报道涉及的项目内容。

2.2.3.5　环境信访投诉常由历史遗留问题引发

一些生活垃圾焚烧项目拟选址于既有垃圾填埋场附近或工业园区内，选址所在地的历史遗留问题未得到有效解决，如原垃圾填埋场存在跑、冒、滴、漏现象，恶臭扰民，工业园区进驻企业污染物超标排放，政府未有效监管，失信于民，之前的建设项目征地补偿等未得到落实，有关承诺未兑现，也直接影响了政府的公信力，引发对新建项目的反对和信访投诉。如某地村民信访反映该市垃圾焚烧场臭气扰民及反对新建的危险废物处理项目，填埋场自运营以来，因管理混乱，臭气扰民问题严重，群众多年重复投诉，在填埋场污染和运营等问题未妥善处理下，提出新建危废处理处置项目，环评阶段就遭到周边公众强烈反对和集体信访投诉。

2.2.4　"十四五"阶段广东省环境信访矛盾化解面临的新挑战

2.2.4.1　"楼企楼路"矛盾纠纷尖锐

随着广东省经济社会的高速发展和城镇化步伐的加快推进，特别是各地在大力推进"三旧改造"、新区建设以及交通基础设施建设过程中，因规划统筹考虑不周全、部门协调不顺畅、企业环境污染治理主体责任落实不到位等原因，导致空间尺度上"楼企相邻""楼路相近"，出现大量"城中厂""厂中城""路挤楼"现象，环境矛盾纠纷日益凸显，成为普遍存在的环境信访化解难题。"楼企楼路"矛盾纠纷主要表现为重复投诉率高、持续时间长、涉及利益主体多、跨部门协调难，易引发重复性群众来访、越级反映情况等，一旦处置不当，极易导致政府公信力受挫、企业正常运营秩序受阻、公众环境问题难化解的"三输"局面。

"楼企相邻"问题大致分为"城中厂"和"厂中城"模式。"城中厂"指老城区改造遗留的少数企业被新建住宅区包围，此类矛盾纠纷随着城区 "退二进三" 的推进逐渐消解。"厂中城" 指房地产业向城郊区域快速扩张，楼盘选址与工业聚集区交错相邻问题。此外，"楼企相邻" 还包括公益性基础设施问题，如垃圾焚烧、垃圾填埋、污水处理厂等须持续运行，在工况不稳定或特殊气象条件下污染严重，引发长期重复投诉。例如，珠江三角洲某工业园区与周边小区毗邻，园区迄今投入废气治理设施升级改造的资金已达上亿元，因企业聚集，在不利气象条件下，污染物 "叠加累积" 效应明显，引发相邻小区业主抱团投诉不断。

"楼路相近" 是指交通基础设施（高速公路、城轨、高铁等）与居民区距离过近，防治措施难奏效或治理效果难达要求而引发 "理清责任难，处理化解难" 的噪声环境纠纷，尤其在人口密集的珠江三角洲区域或粤东西北新建交通设施周边楼盘频发。如某高速公路扩建项目自建成通车以来就引发邻近居民区 "噪声扰民" 投诉，经建设声屏障、优化路面降噪能力、减速通行、加高小区围墙、设置绿化工程等一系列降噪措施后，一定程度降低了噪声扰民问题，但对高层住户隔音效果仍不明显，当前已经引导信访人进入民事诉讼程序，依法裁决高速公路建设单位、房地产开发商及业主各方权责。

2.2.4.2 建筑施工、餐饮娱乐以及畜禽养殖业信访投诉日益凸显

当前城市建设引发大量建筑施工噪声投诉，建筑施工噪声污染投诉伴随着全省治水提质、雨污管网工程集中开工推进以及商业楼盘、旧城改造、轨道交通等工程施工而大量增加，夜间渣土外运、混凝土浇筑等产生的施工噪声对周边居民造成严重影响。对此类问题环保执法仅有罚款和责令改正两种手段，不能强制停工，但因罚款金额低，难以有效解决问题。

餐饮娱乐服务业与民相邻导致污染纠纷增加，随着社会经济的发展，各地餐饮娱乐服务行业也蓬勃壮大，极大地丰富了城市居民的物质文化生活，但由于商事制度改革取消环保前置审批，部分餐饮娱乐服务行业存在选址不当、无证或超范围经营、环保意识淡薄、未落实污染防治设施或设施运行无序等情况，造成油烟、异味、噪声、污水、顾客不良行为等扰民问题。餐饮娱乐业的整治涉及多个职能部门，且责任主体转换快，生态环境、城管等部门后续监管常常陷入被动。

此外，畜禽散养户污染投诉上升。粤东西北的乡镇、农村地区存在许多小型养殖户，部分养殖场只有简易污染处理设施甚至直排，养殖场臭气缺乏有效治理，污染扰民。近年来畜禽养殖类信访案件高发，行政主管部门对散养户无有效执法手段，被长期重复投诉。

2.2.4.3 "达标扰民"问题破解难

部分工业企业能够达到国家现行环境保护标准，但由于与居民区距离过近等原因，环保设施臭气"达标排放"与群众"闻不到味道"之间存在客观差距，群众出于对自身健康的担忧及其他利益诉求，常常进行反复投诉，生态环境管理部门也因企业并无违法排污行为，"常规"环境监管手段无法有效化解信访矛盾，陷入"群众闻到味道—企业整改—检测达标，无从处罚—信访矛盾无法彻底化解—政府公信力下降"的恶性循环。如某垃圾综合处理基地臭气达标扰民案件，因硫化氢嗅觉阈值较低，群众对治理成效表达不满，严重影响当地党委、政府的公信力。此类信访矛盾纠纷短期内一味对工业企业提出更高整改要求不仅缺乏依据，且要实现"达标不扰民"的满意效果需要投入大量的资金保障。珠江三角洲某工业园长期存在"达标扰民"，当地政府以"人民群众的诉求就是企业治理的标准"为宗旨，制定了严于国家标准的行业特征污染物排放标准，投入数千万元升级改造污染防治设施，方实现"达标不扰民"，有效缓和了厂群关系。

2.2.4.4 涉"邻避"项目的信访矛盾易升级为群体性事件

"邻避"与环境信访本身存在一定的交叉，近年来环保、交通等民生、公共设施领域涉"邻避"项目已成为群众环境信访反映的热点。从地区分布来看，大多集中在广州、深圳等经济发达地区，多选址在城市郊区和周边镇，离村（居）民区不远，因广东省毗邻港澳的特殊区位，境外媒体、非政府组织等密切关注，此类问题极易引发集体信访或群体性事件。涉"邻避"信访矛盾能否妥善解决，事关经济社会协调发展，事关相关群体的切身利益，事关群众的获得感、幸福感和安全感，也事关社会的和谐稳定。

从现有案例分析来看，当前涉"邻避"的环境信访矛盾反映的主要问题主要集中在三个方面：一是质疑规划选址的科学性、合理性问题。此类投诉较多，部分项目因考虑相关影响不够，听取群众意见不足，特别是具有比选条件而不论证时，容易遭到当地公众质疑其选址的科学性，产生对项目选址不理解、不支持甚至反对的情况。一般以"距离太近，影响身心健康，影响房产价值，要求重新选址"的投诉较多。二是质疑项目审批程序正当性、合法性问题。此问题主要集中体现在反映公众质疑稳评、环评报告质量，相关影响论证不充分，公众参与不充分，涉嫌欺骗群众，或存在"未批先建""未验先投"等不合法律程序行为。

三是质疑公众参与的充分性、有效性问题。此问题反映一些"邻避"项目未充分征求群众意见就上马动工，严重侵害了群众的正当权益和合法利益，导致群众强烈不满。尤其部分"邻避"项目，在未充分取得公众同意的情况下，强行开工建设，易引发矛盾纠纷甚至群体性冲突。

| 第 3 章 | 广东省环境社会风险治理困境原因分析

3.1 "邻避"冲突治理困境原因分析

3.1.1 客观原因

3.1.1.1 "邻避"项目的负外部性

"邻避"项目就其属性而言，本身就带有负外部性并被附近居民所厌恶，但同时又是城市发展建设中造福于整个区域的公共设施。"邻避"项目对周边居民的负面影响，主要来自居民对环境污染、健康风险、房产价值、商业发展等方面的担扰，加上中国文化、宗教、习俗的固有特点，对殡葬类等项目类型普遍存在避嫌心理作用。因此，"邻避"项目因其特有的负外部性客观上造成了邻近居民的"邻避"情结和"邻避"冲突。

3.1.1.2 成本效益分配不均衡

"邻避"项目具有明显的成本和收益的非对称性，这种利益不对称性是产生分歧的根源，与利益均衡相关的公平性问题也一直是"邻避"冲突中抗争居民要求的焦点。当居民只享受少部分利益，却要承担大部分成本，此时居民心理上的不公平感和相对剥夺感就会涌出，容易对如固体废物处理、重大石化、涉核等项目建设产生抵触情绪，导致"邻避"冲突的产生。

3.1.1.3 群众环境诉求高涨

新的时代背景下，人民的需要从"日益增长的物质文化需要"转向"美好生活需要"，群众对提升生活品质特别是改善生活环境、维护健康权益的要求越来越强烈。"邻避"设施周边居民因担心自己及子孙后代身体受侵害，必然产生强烈的环境诉求，参与"邻避"运动的动机明显。

3.1.1.4 利益相关方信任危机

"邻避"项目的选址及运营过程中的信任危机是"邻避"情结的主要成因之一，具体表现为居民对政府的不信任、对专家的不信任及对运营管理商的不信任，这些问题的产生一方面源自各类前期失败案例造成的政府及专家公信力的降低，另一方面也与宣传引导的不到位有较大的相关性。

3.1.2 主观原因

3.1.2.1 部分地方领导重视不够，属地责任落实不到位

（1）决策层级不高

部分地方党委、政府主要领导思想上重视不够，主体责任未落实，项目决策层级不高，未能及时将人民群众的满意度放在核心位置、未能及时整合全市公安、宣传、维稳、生态环境等各方资源，未能有效统筹各方力量形成职责清晰、充分联动、有效监督的工作机制，难免"小马拉大车"，造成对"邻避"效应的综合应对能力有限。如某核燃料产业园项目，作为技术性强、建设标准高的国家能源战略重大项目，本可以为当地经济社会发展带来显著的正面效应，但前期工作仅由当地县级市政府主导推进，在"邻避"冲突应对中行政支持和决策能力明显不足，最终项目未能落地。

（2）风险研判能力不足

部分地方领导对辖区内涉环保项目的"邻避"风险研判能力不足，风险底数掌握不清，风险筛查存在明显盲点，未将存在"邻避"风险的项目纳入"邻避"台账进行管理，未针对项目风险形成相应工作机制与应急预案，一些"邻避"台账外的项目发生大规模群体性事件时，政府往往无力应付并以妥协的方式被动收场。如某绿色服务中心项目在环评公示阶段遭到群众聚集抗议，面对汹涌的民意反抗时，当地政府迫于各方压力最终宣布项目暂停，而在事发前该项目尚未列入省"邻避"台账进行重点管理，当地政府对项目可能存在的"邻避"风险研判明显不足。

（3）公众参与不足

"邻避"问题的产生不能简单归咎于企业和人民群众，部分地方党委、政府管理思路落后，未能运用辩证思维看待"邻避"问题，以自上而下的"管"字当头，从观念上和行动上均不重视公众沟通机制的建立完善，认为公众参与给"邻避"项目的建设带来了阻力，通过"决定—宣布—辩护"的模式将公众参与排除在决策程序之外，没有充分征求民意。群众对"邻避"项目认知水平和接受度不高，易受负面新闻、假新闻或伪科学的影响，进而产生畏惧和恐慌，导致对"邻避"设施的消极和抵制情绪。很多地方因为修建垃圾焚烧厂等"邻避"项目而产生社会矛盾，最后迫于各方压力，政府不得不以妥协的方式宣告项目暂停。

3.1.2.2　规划选址前瞻性和刚性不足，源头化解力度不够

（1）未统筹考虑规划发展用地和"邻避"用地关系

部分地区城市总体规划、专项规划相对滞后，未能前瞻性地专门针对"邻避"设施规划土地利用指标，对基础设施的需求量缺乏充分预见，错失了在土地储备比较充足的情况下规划建设市政设施的黄金时期，导致市政设施建设滞后，处理缺口严重，不断建设新项目以满足经济发展需求，又不断出现新的"邻避"问题。对于既定规划项目周边缺乏规划控制性措施，为项目让路而调整规划的案例迭出，导致企业和生活区相距过近，环境功能区混杂，污染扰民难以杜绝。如某地于20世纪90年代投产的垃圾填埋场周边在后续相继又开发了大量房地产项目，形成了周边住宅区包围垃圾填埋场的态势，"邻避"问题频发。又如某地于20世纪90年代规划建设的工业园区，经过20多年的发展和城镇化进程的加速与城市范围的拓展，已成为电力、交通配套完善的工业区，而毗邻该工业园区的某居民小区于近十年内才建成入住，楼盘与工业园区最近间距仅数百米，曾造成群众投诉不断。

（2）部分项目选址论证不够科学且缺乏备选方案

选址未避开环境敏感目标，距离周边村庄、小区、学校、农田、水源保护区、生态红线等较近，对周边居民的生活、生产活动存在威胁。如某地垃圾处理项目周边小区、学校、老人院等敏感目标较多，半径3公里范围内涉及数十个大型楼盘、村委会和高校、老人院等，居民超过数万人，项目公示后收到了周边大量群众的集中反对意见，最终被迫改选地址。又如某地垃圾处理焚烧项目前期未经过科学审慎的多方案比选论证，由市政府常务会议决定了单一选址地，也未与利益相关群众进行沟通协商，项目选址被公众视为缺乏正当性，在征地拆迁时引

发了大规模的群体性抗议事件。

（3）项目选址时重"硬条件"轻"软指标"

有些项目选址决策多侧重于考虑项目标准、土地占用、经济效益等技术性、专业性的"硬条件"，而忽视项目所在地人文历史、社情民意、历史矛盾纠葛等"软指标"。如粤东某垃圾焚烧项目第一次的选址地因土地问题导致涉事群体为此越级反映情况，在历史纠葛未妥善解决的背景下，政府再次征地建设二期项目，对所在地的社情民意和历史纠葛等软指标欠考虑，进而引发更为激烈的反对。

3.1.2.3 项目前期阶段的宣传引导和舆情应对不足

（1）宣传疏导不到位，重"形式"轻"实效"

很多地市项目建设前都通过发布公告、组织专家论证、派工作组进村、组织群众参观等方式开展了宣传工作，但项目一启动仍遭到抵制，与宣传工作不到位有很大关系。有的项目公示、宣传时间未避开重要时间节点和窗口期，直接导致了节假日成为"邻避"冲突的高危期。如某地水泥协同处置固体废弃物项目的民众抗议活动在清明节集中返乡的敏感节点发生；某地生活垃圾处理项目的"邻避"事件在国庆假期发生。有的项目政府和主流媒体宣传明显滞后，主流媒体在项目启动前期未主动宣传，真相被谣言掩盖后也未进行及时澄清释疑，甚至被境外非政府组织等插手"维权"、炒作。

（2）舆情应对能力不足

一些地方不及时制定针对群体性事件的应急预案，未能将舆情管控工作做细做深做前，特别是立项公示、规划公示、环评公示应对经验不足和对新媒体、自媒体时代负面信息蔓延应急处置不到位，导致事件发生后缺乏有效管控措施，难以阻止负面消息传播，造成事态不断升级。一般来说，基层主管部门没有相应的工作权限，缺乏快速、全面的监测和预防措施，再加上人力、物力及技术力量不足，对网上造谣传谣行为无法在第一时间扼制在萌芽状态。

3.1.2.4 防范化解机制体制不健全，工作缺"抓手"

（1）补偿机制不健全，多"主观裁定"缺"制度标准"

全省各地采取的利益补偿办法各异，但总体要实现多方都满意的方案，难度很大。目前尚未有专门的法律法规对涉"邻避"项目补偿范围、补偿项目、补偿标准、补偿资金渠道、监督管理等进行规范，补偿不能完全依法、依理、公开进行，各方对补偿标准、结果都存在较大分歧。如某地垃圾处理项目，由于缺乏补偿依据，当地村民提出了多种补偿诉求，涉及整村搬迁异地安置、按照某地铁线路的标准执行征地拆迁、保留自留建设用地、提高村垃圾补偿统筹金比例等，超出政策范围且短期内难以满足的不合理诉求。与此同时，当前的补偿多以"静态"范围划定，缺少"动态"跟踪。补偿范围往往是根据直线距离静态划定，没有考虑到污染物沿途漂移、扩散的情况。如某垃圾填埋场影响范围是三个村，但只对两个村进行补贴。但事实情况是，垃圾场与第三个村直线距离不足 3 千米，每天有千余辆垃圾运输车途经，过程中垃圾废液外泄滴漏情况严重，与补偿范围内的村同受其扰，村民因补偿标准不一致而产生强烈不满。

（2）项目审批程序繁琐，耗时"长"落地"慢"

建设项目前期审批程序包括立项、项目选址意见、用地预审、环境影响评价、建设用地规划许可、建设工程规划许可、建设工程施工许可、建设工程噪声作业施工意见书等程序。往往一个项目需要向同一行政部门申办多个审批事项，或者一项审批涉及多个部门，需要分别向各个相关部门出具审批文书，每项审批程序都要经过一系列受理、审查、决定、送达等环节，同时设置了一系列前置审批条件，使得审批程序烦琐，审批时间冗长。

（3）环保标准未能与时俱进，"合规"但不"合身"

基于现行的大气污染控制相关的法规和排放标准，企业的"达标排放"与居民的"闻不到味道"之间仍然存在着较大的差距，"邻避"项目"达标扰民"的现象普遍存在，相关标准和群众日益增长的美好生活的需求有差距，"合规"的项目仍然对群众身心感受造成极大冲击，引发的群众投诉不断，究其原因主要是部分领域环保标准更新慢、标准低。例如，从某地发生过多次群体性事件的"邻避"项目近三年的臭气、烟气监测数据看，污染物排放浓度总体符合现行污染物排放标准，鲜有超标情况，但周边仍然集中出现大量针对臭气扰民的信访投诉，可见随着新时代社会主要矛盾的转变，现行的国家环保排放标准需要进一步提升。

3.2 环境信访矛盾治理困境原因分析

3.2.1 客观原因

3.2.1.1 社会主要矛盾变化

我国社会主要矛盾已经转化为人民日益增长的美好生活需要和不平衡不充分

的发展之间的矛盾。从近年来环境信访数据居高不下的情况看，全省各地的环境治理不平衡不充分与人民群众日益增长的优美生态环境需要之间仍存在一定的差距。一方面，城市化快速发展，环境问题客观存在。广东省经济发展全国领先，人口密度大，工业企业多，餐饮娱乐业发达，城市建设活跃，而早期对环境问题的源头防控意识不足，由此产生的环境污染、利益纠纷问题纷呈，历史遗留环境问题也较多。另一方面，经济发展到一定阶段，群众在基本的生存和安全需求获得满足后，开始追求优美的生态环境和更高的生活品质，法律和维权意识也日益增强，维护环境权益的行为大幅增长。

3.2.1.2 产业结构更新带来环境诉求增长

有研究表明（赵冠伟等，2017），制造业、住宿和餐饮业、环境和公共设施管理业、房地产业、交通运输、仓储和邮政业、建筑业以及居民服务、修理和其他服务业是环境投诉的主要国民经济行业分类。结合近年来广东省第二、第三产业生产总值和人口数量情况，可以认为二者的增长在一定程度上增加了人与环境发生冲突的机会，从而导致环境保护信访事件数量的上升。

3.2.1.3 早期规划功能不协调

近年来，广东省经济、社会的快速发展使得部分城市建成区域人口密度急剧增加，房地产行业迎来了发展的黄金期，但由于城市规划、产业规划、交通路网规划未能融洽贯通，滞后于城市快速发展带来的变化。既定的规划刚性不足，为房地产项目让路而调整规划的案例迭出，造成城市部分区域规划布局不合理，工业区和居民区没有清晰的界定划分，商品房与工厂、交通设施毗邻，缺乏过渡缓冲地带，环境功能冲突严重，由此引发信访投诉的情况十分普遍。少数开发商对楼盘周边环境进行虚假宣传，故意隐瞒附近污染源信息，甚至谎称附近工厂即将搬迁，造成购房者信息不对称，从而引发业主的不满和投诉。此外，楼上住宅楼下商铺也是环境投诉高发区域。该类问题，一方面受影响的人群十分集中，容易引起群体投诉；另一方面群众往往要求企业关停、搬迁，调处难度大，以致重信重访。

3.2.1.4 环保督察风暴持续

"十三五"时期以来，党和国家高度重视生态文明建设，习近平总书记的"两山论"深入民心。2016 年中央环保督察在广东刮起了"史上最严环保风暴"，

2018 年中央督察组对广东实施"回头看",省级生态环境保护督察也随之展开。中央环保督察引起媒体广泛报道和社会高度关注,各地政府雷厉风行,整治力度空前且成效显著,群众普遍认可,全国各地均不同程度出现信访增量的态势,广东省 2017 年、2018 年的环境信访量同比大幅上升。可以看出,环保督察进一步提高了群众对环保问题的关注,也激发了群众举报投诉环境问题的热情,这也是全省环境信访量激增的重要社会背景。

另外,全省生态环境部门全力开展污染防治攻坚战,以开放姿态畅通各类信访渠道,投诉、表达的方式多样化。便民服务的推广,使全民参与环境治理观念提高,公民社会责任感增强,人人都是环保卫士。人民对政府信任,相信只有政府才能解决问题,积极向政府机关反映。此外,随着通信技术发展,电话、网络、微信等举报途径成本低、易操作,为群众表达环境诉求提供极大便利,客观上也带来信访量的剧增。

3.2.2 主观原因

3.2.2.1 环境信访体制有待进一步健全

环境社会治理是一项综合性更强的工作,涉及环境保护多个部门和多个领域,需成立专门的机构来统筹、谋划和推动,通过全方位研究建立健全环境社会治理体系,包含领导责任体系、企业责任体系、全民参与体系、监管体系、市场体系、信用体系、法律法规政策体系等,方能实现多元共治模式。在过去相当长的一段时间里,环境社会风险领域相关业务专职管理人员少、队伍建设滞后、基层环境监管力量与任务要求不匹配、各级生态环境部门没有专门的信访工作机构、基本由环保执法机构混岗兼职等问题,一定程度上加剧了环境信访矛盾治理的困境。此外,部分地方领导对该项工作重视程度不够,导致环境监管力量与任务要求严重不匹配也是其中一个重要因素。根据《2018 年广东统计年鉴》数据,广东省仅工业企业单位就有约 67 万个,其中规模以上工业企业逾 4 万个;2018 年全省组织排查出"散乱污"工业企业(场所)逾 10 万家。而目前全省共有环境行政执法编制和在编人员仅 2000 余名。同时,大部分镇街、村社没有专门的环保机构和专职人员。基层环境监管力量不足,对数量众多的散乱污工业企业、餐饮场所、畜禽养殖等排污单位无力实施严格高效有力的监管。

3.2.2.2 环境信访机制有待进一步完善

对照"构建党政领导、政府主导、企业主体、社会组织和公众共同参与的现代环境治理体系"目标，政府、市场和社会是推动环境社会治理工作的三大主体，当前尚未有相关机制明确治理主体的权利、责任、义务以及参与形式。同时，行政处罚程序繁冗拖沓。尽管新环保法赋予环保部门查封扣押强制权，但实际应用的门槛较高，绝大部分的环境违法行为仍需按一般程序予以查处，难以起到立竿见影的效果。如潮州传统小作坊、小业主多，以现行环保法律法规查处环境违法，性质难界定，标准难把握。处理严了，影响民生，容易激化矛盾，不利社会稳定；处理松了，放纵违法，不利于维护法律威严，影响行政效率效果。面对这类问题，当地政府应出面加强产业引导。环境违法行为调查取证存在一定困难。经统计，目前 40% 左右的信访投诉属废气异味范畴，废气异味源头较多，在科技方面，对污染来源、成因和传输机理研究不够，缺乏即时溯源监测、异味定点等手段，而对逃避监管以及超标排放的违法行为，需要当场取证或通过监测将瞬时证据予以固定后才能查处，存在较大的不确定性。亟待加强环境社会治理工作机制建设、环境社会治理制度建设、环境社会互动机制建设、社会督政平台建设和地方试点示范等。

3.2.2.3 环境信访法治体系有待进一步构建

当前我国有关环境信访的法律法规主要有《环境信访办法》《信访条例》以及国务院各部门制定的一些条例和办法，《宪法》第四十一条规定了公民有批评建议权，但全省乃至全国层面仍缺乏完备的环境信访法律规章。现有的《关于推进环境保护公众参与的指导意见》《环境保护公众参与办法》《环境信息公开办法（试行）》等文件效力层次较低，且现行环境标准体系中部分标准如《恶臭污染物排放标准》（GB14554—93）等已不能满足人民群众对更优质生态环境的诉求，亟待出台更严格的行业环境标准。当前广东省司法系统中缺乏专门的环境审判机构来处理破坏生态环境案件、跨区域跨流域环境污染矛盾纠纷、环境社会风险矛盾纠纷以及保障公众合理合法诉求。当前广东省环境信访举报问题呈现多样化和复杂化，但尚缺乏完备的环境信访法律法规体系，解决环境信访纠纷时缺乏相关的制度理论依据支撑，很容易导致环境信访化解工作陷入僵化。

第 4 章 │ 广东省环境社会风险 典型案例研究①

4.1 广东省"邻避"问题典型案例研究

4.1.1 成功典型案例及启示

4.1.1.1 成功案例一：A 市垃圾焚烧发电项目

核心经验：坚持党建引领 打破"邻避"魔咒

近年来，由于受传统观念的影响及部分社会不当言论的误导，垃圾焚烧发电、固体废物处理处置等敏感项目的"邻避效应"易发高发，呈现"一建就闹、一闹就停"的现象，导致项目停建、缓建，一定程度上对政府公信力和社会稳定造成负面影响。但在 A 市却有另一番风景，A 市在短短 5 个月内有 2 个垃圾焚烧发电项目顺利平稳开工，这与其他地区形成了鲜明对比。A 市打破了环境敏感项目"邻避"魔咒，形成了一套行之有效的工作方法，为全省乃至全国"邻避"问题防范化解探索出了可复制、可推广的经验。

Ⅰ. 项目总体情况

2017 年，A 市曾经筹备建设垃圾焚烧发电项目，但由于"邻避效应"影响，项目推进困难，最终被迫搁置。基于 A 市将面临"垃圾围城"的不利局面，2019 年 A 市委决定重启两座垃圾焚烧发电项目建设，总投资 7.8 亿元，处理规模为 2050 吨/天，并于 2020 年 9 月建成投入使用，两个项目进展顺利，均未发

---

① 对于涉及的人名、地名等，本章一律采用匿名化处理。

生舆情事件和群众反对、聚集事件。

Ⅱ. 防范化解措施

i. 坚持党建引领，变"不敢为"为"带头干"

A市垃圾焚烧发电项目从搁置到重启、到规划新的项目、再到两个项目顺利开工，每一个环节、每一个步骤都离不开属地党委、政府的高度重视和坚强领导。一是一把手亲自抓。A市将两个项目列入市委、市政府年度重点工作，成立由市委、市政府主要领导任组长的项目建设工作领导小组，市领导带头践行"一线工作法"，带头发扬"脚上有土、心中有谱"的工作作风，先后多次深入项目建设一线调研督导，研究推进项目建设，切实做到重大问题亲自过问、重要环节亲自协调、工作进度亲自督办。项目所在市、区四套班子成员主动下沉一线，带动镇（街道）、村党员干部进村入户做工作，并结合"乡村夜话"活动经常走访当地群众，全面掌握项目进展情况和群众思想动态，及时研究处置重大问题。二是五级协调联动工作机制。建立市、区（市）、镇（街道）、村、村小组五级协调联动工作机制，在项目征地攻坚阶段，市每月召开一次工作协调会，区（市）每周召开一次工作会议，镇（街道）每天召开一次碰头会，村和村小组每天报告一次相关情况，全面及时掌握项目推进情况和研究处置重大问题。三是发挥基层党组织战斗堡垒作用。坚持把项目建设与加强基层党组织建设、实施党员先锋工程、推进一线干部锻造工程紧密结合起来，确保项目顺利推进。在项目所在村成立党小组，由村中德高望重、有影响力的党员担任党小组组长，通过召开党员大会、党小组会、家长会等方式，在项目选址、立项、风评、征拆等重要节点发挥关键推进作用，真正成为推动项目落地的战斗堡垒。

ii. 坚持依法依规决策，变"遮遮掩掩"为"公开透明"

A市"邻避"项目在建设之初就坚持依法依规，有计划、有步骤地开展工作，及时、准确、全面公开项目有关信息，让所有的利益方都能参与其中、反映诉求，确保工作经得起群众和时间的检验。一是项目选址科学化。市委书记率队与环保专家对项目选址、生态环境、社会、经济因素等进行科学评估和充分论证后，综合考虑村民意见，将位于水源保护地之外、交通运输便利、建厂区域无基本农田和居民的原有垃圾填埋场扩建用地作为两个垃圾焚烧发电项目选址地，以项目选址的科学实用性、适用性、安全性确保一次选址成功。二是信息公开阳光化。坚持把信息公开作为政府和群众沟通的有效途径，对项目建设的规划、立项、选址、社会稳定风险评估、环境影响评价、征地补偿方案等环节依法主动及时公开相关信息，广泛征求群众意见，做到流程公开、内容合规、程序合法、手续齐全，并在项目所在地选派村民代表参与日常监督，确保群众实时掌握项目具体情况和进展。三是土地征收公平化。严格按照政策规定和土地征收程序，统一各类土地的征收补偿标准、青苗补偿标准、房屋征收补偿安置标准，做到"一把尺子量到底、一种标准定到底"。在政策范围内，补偿就高不就低，保障群众最大程度受益，但坚守政策底线，对无理诉求坚决说"不"，有效推动土地征收工作顺利进行。

iii. 坚持正面宣传引导，变"质疑反对"为"信任支持"

A 市针对群众担忧，坚持加强正面宣传引导，创新宣传方式，改"大水漫灌"为"精准滴灌"，注重区分不同群体，因人施策。一是做好群众宣传引导工作。实行"一户一人"包干负责制，从区（市）和镇（街道）抽调项目所在镇（街道）籍干部组成工作组，进村入户做好群众的宣传教育和疏导工作。组织村干部和村民代表、重点人员等外出参观考察，现场释疑解惑。首批村民参观考察后，将所见所闻如实向周边村民转述，帮助周边村民更好了解项目情况，打消疑虑。二是加强科普知识宣传。在项目所在地周边 3 千米范围内的村小组免费安装 LED 液晶电视，不间断播放项目专题宣传片，并利用村村通广播网络，持续进行广播宣传，向群众科普垃圾焚烧发电工艺技术知识。两个项目推进期间，共安排 7 辆带 LED 屏幕的宣传汽车开展 221 次巡回宣传，为镇（街道）、村（社区）购买 14 台电视，在村（社区）播放科教宣传片 95 次，派发宣传手册 4430 份，设立宣传栏 74 块。

iv. 坚持以人民为中心，变"邻避效应"为"邻利效益"

A 市始终坚持以人民为中心的发展理念，努力打造共建共治共享的社会治理格局，高度重视"邻避"项目所在地周边农村发展和居民生活问题，在农村人居环境整治、农村基础设施建设、农民就业、医保社保等领域加大投入，同时引导企业多出力，进一步将矛盾对立方转变为利益攸关方，实现项目与村民、企业与地方的共同发展。一是建立长效利益补偿机制。科学合理设置补偿标准和补偿期限，探索通过土地入股、村集体分红等形式，解决村集体经济利益保障问题，并把部分项目税收用于当地经济社会和民生事业发展，变短期利益为长期利益。二是办好一批民生实事。筹集资金 770 万元用于项目周边村庄人居环境整治、路灯安装、道路和文化广场建设，并将免费安装自来水、清理水圳等 14 个民生事项列入土地征收补偿协议书中，改善村民生产生活条件。筹集资金 2000 多万元用于项目周边道路、排水和绿化等基础设施改造，以实际行动赢得村民信任和支持。三是积极回应村民关切。针对村民反映项目选址附近一家医疗废物处理公司存在污染的问题，督促企业落实整改措施，确保污染物排放达标。

v. 坚持源头预防管控，化"小矛盾"为"大和谐"

A 市坚持底线思维，增强风险意识，一手抓源头治理，一手抓稳控化解，扎扎实实为项目建设保驾护航。主要做到"三个结合"：一是与扫黑除恶专项斗争相结合。在项目所在地召开扫黑除恶专项斗争攻坚誓师大会，并加大对违法犯罪分子的打击力度，形成强大震慑，防止不法分子借机生事。二是与社会治安防控工作相结合。加强应急处置力量建设，制定应急处突、安保维稳、情报研判等 8 个工作方案，在离项目建设地较近的 3 县（区）分别组建一支不少于 30 人的应急处突力量，并在项目所在镇村组建"红袖章"治安联防队伍，每天对项目周边重点敏感场所进行治安巡逻。

Ⅲ. 经验启示

A 市"邻避"项目的成功经验证明，破解"邻避效应"，关键是始终做到"八个到位"。一是党建引领到位。项目从重启、到顺利奠基，每一个环节、每一个步骤都离不开地方党委的坚强领导。二是科学选址到位。项目选址，不仅要考虑技术性、专业性的"硬条件"，也要重视经济社会发展、社情民意等"软指标"。三是宣传教育到位。实行"一户一人"包干责任制，做好群众沟通和科普宣传工作。四是风险稳评到位。社会稳定风险评估工作做到贯穿始终，规划、审批、征地、拆迁、补偿、环评、稳评、建设、运营、舆情等均纳入稳评范围。五是隐患排查到位。围绕可能阻扰项目推进的风险隐患，建立全覆盖、全链条、全角落工作网格。六是问题解决到位。坚持以人民为中心的发展理念，通过项目建设，让村民切身感受到项目建设带来的实惠。七是治安防控到位。通过成立"扫黑除恶"领导小组、项目专案组，加大对违法犯罪行为的打击力度，形成强大震慑。八是责任落实到位。市、区、镇和项目所在地 4 个村均由书记担任第一责任人，对项目进度负整体责任。

4.1.1.2 成功案例二：B 市某 PX 项目

核心经验：全方面风险排查 无缝隙舆情监管

B 市是一个生态城市，也是一个工业化城市，随着工业产业结构优化、工业重型化以及人民对美好生活的需求，重大石化、核电、垃圾焚烧、危险废物等多种涉环保项目建设面临着严峻的"邻避"风险。近年来，B 市建立预防和化解"邻避"问题的长效机制，依法依规推进生态园、石化、核能、垃圾焚烧等涉

"邻避"重大项目建设,有效破解"邻避效应",为其他地区建设类似项目建设积累了成功经验,特别是在推动某 PX 项目时,通过加强统筹部署、建立工作机制、全方面风险源排查、积极开展科普宣传、强化舆情监管和联动处置等措施,顺利推进芳烃项目建设,确保了社会面平稳。

Ⅰ. 项目总体情况

该 PX 项目是国家、省大力支持的建设项目,总投资估算为 65 亿元,于 2018 年 12 月 10 日开工建设,2020 年建成投产。

Ⅱ. 防范化解措施

i. 加强统筹部署,取得省直部门大力支持

省政府及相关省直部门指导和统筹项目建设,省领导定期分析研判项目推进过程中可能出现的"邻避"效应等社会风险,研究项目前期手续、信息收集、应急预案、倒排工期等工作,为 B 市的项目社会风险防范与化解工作提供了有力支持。由 17 个部门组成的广东省涉环保项目"邻避"问题防范与化解工作部门间联席会议制度指导和统筹该项目的推进。一是在项目审批方面,省发展和改革委员会积极帮助 B 市争取国家层面的支持,对项目审批权限问题给予大力支持;省工业和信息化厅积极协调省有关部门对项目建设前期工作进行科学论证。二是在社会维稳方面,省委政法委对项目维稳工作定期开展分析研判;省公安厅积极协调周边地市做好稳控工作;省国保支队进行维稳沟通。三是在环评稳控方面,省生态环境厅给予了 B 市全面的支持和帮助,在项目名称确定、环评审批权限、环评公示等方面给予了业务指导,有效降低了"邻避"风险。

ii. 加强组织领导,建立工作机制

一是完成市、区级项目业主工作领导架构。B 市成立了该项目环境社会风险防范与化解工作领导小组,市委书记任组长、市长任副组长,统筹推进社会稳定风险评估、公共宣传、信息公开、公众参与、舆情应对、监督管理、应急处置等项目建设各项工作。二是制定工作应急响应流程图,建立工作应急联络网、规范应急响应流程,确保工作职责明确、应急响应及时、到位。抽调专职人员集中办公,实行专员值班制度。建立联络员负责制,对项目推进采取"每日一报、专事专报、急事特报"等方式,及时将风险防范与化解工作情况进行上传下达和横向沟通。三是构建了一系列工作方案。建立了公共宣传和信息公开工作的"1+2+2+3+6"工作格局(即一个总体方案、两个应急预案、两份挂图、三个专家团队、六项工作机制)、公众参与及监督管理方面的"1+4"工作方案(即 1 个专职小组工作方案及环评公参、稳评公参、监督管理、惠益共享 4 个实施方案)。

四是建立研判决策、上下沟通机制。在每一项重要节点的工作计划实施前，均实行统一研判制度，充分研究和分析上一阶段工作，决策部署下一步工作。五是组建了一套专责工作组。公众释放项目信息后，由市政府领导带队，组织市委政法委、宣传部，市发展改革局、环保局、公安局等部门，组织专责工作组进驻项目所在区，深入一线统筹指导协调公众沟通和舆情应对工作。

iii. 加强风险排查，科学研判风险等级

一是动态更新项目风险源清单。依据《B 市重大决策社会稳定风险评估报告编制指南（试行）》中"项目风险事件对社会影响程度、项目风险等级"标准，科学预测研判风险等级，对摸排出来的项目单项风险源按照"高、中、低"三个风险等级的分类处置制定风险清单。建立每周动态报告制度，定期组织分析研判，实时推进已摸排的风险源化解工作，明确化解时限和稳控要求，确保所有风险源化解在"低风险"等级。二是对项目建设重要节点加强评估。合理安排环评、稳评公示时间节点，每次公示期间都成立维稳驻点工作组，督促项目评估主体和稳评第三方再次全方位风险排查，将社会稳定风险降到最低。

iv. 加强社会宣传，提升舆情监控与联动处置能力

一是深入宣传引导，提高公众安全感。针对 PX 项目的特点，积极开展科普讲座、发放宣传手册、开展公众开放日、科普进村（社区）工作等，采取滚动式、多层次的宣传方式，普及相关知识，努力消除群众的疑虑和误会。B 市组建了一支 30 人的专家宣讲队，权威解读项目情况；组织了 4 场石化科普知识讲座，12 场公众开放日活动，5 场宣讲活动，发放了 2.5 万册宣传资料，张贴宣传海报300 份。组织相关工作人员或周边群众到先进地区学习参观。召开环评和稳评座谈会，进一步增强公众对项目的知情权和参与权。在广播电台、电视台、当地主流报纸、网站等媒体广泛宣传，充分听取民意，取得民众支持。二是强化舆情应对与联动处置能力。为确保及时应对和处置项目推进过程中遇到的各种舆情突发情况，建立网络评论员工作群、专业网络评论员工作微信群，及时回应社会关切问题、正面引导舆论走向。

III. 经验启示

该项目的平稳推进，关键是始终做到"三个到位"：一是社会稳定风险评估到位。科学预测研判风险等级，对摸排出来的项目单项风险源按照"高、中、低"三个风险等级的分类处置制定风险清单，定期组织分析研判，明确化解时限和稳控要求，确保所有风险源化解在"低风险"等级。二是工作机制制定到位。构建了市、区及项目业主工作领导架构，制定了工作应急响应流程，建立了公共

宣传和信息公开工作的"1+2+2+3+6"工作格局、公众参与及监督管理方面的"1+4"工作方案。三是宣传教育到位。积极开展石化科普宣传讲座、发放宣传手册、张贴宣传海报,利用广播电视、主流报刊、网站等媒体广泛宣传,召开环评、稳评座谈会,增进公众对项目的知情权和参与权,充分听取民意,取得民众支持。

4.1.1.3 成功案例三:C市某环保项目和某工业固废处理项目

核心经验:用"四个三"工作方法确保项目平稳推进

近年来,生产生活垃圾日渐成为群众最关心、最迫切、最现实的环境问题,严峻的环境形势亟待新建环保设施,但因垃圾、污水、危险废物等环保设施建设所引发的群体性事件时有发生,大部分事件的最后结果都是"一建就闹、一闹就停",部分环保设施遭遇需求之切和落地之难的尴尬。C市直面挑战、迎难而上,同步谋划、同步启动、同步实施了某环保项目和某工业固废处理项目,目前,两个项目均平稳顺利推进。C市能够妥善破解环境敏感项目"邻避"效应,关键是以党建为引领,以人民为中心,以实际行动努力践行"四个三"工作方法(坚持三个第一,即责任第一、认真第一、结果第一),落实三个穷尽(穷尽法律、穷尽资源、穷尽举措),紧盯三个阶段(环评稳评、征地拆迁、动工建设),确保三个满意(群众满意、社会满意、党委政府满意),全过程实现"四零四无"(零信访、零听证、零复议、零诉讼,无群体性聚集事件、无重大负面舆情集中爆发、无治安案件发生、无技术问题社会质疑)的工作目标。

Ⅰ.项目总体情况

近年来,随着人民生产生活水平持续提高,生活垃圾处理问题随之而来。C市委、市政府主要领导高度重视垃圾资源化处理工作,把环保基础设施建设作为事关生态文明建设全局的重大工程来抓。某环保项目规划占地 361 亩,总投资 28.97 亿元,包括生活垃圾处理设施和医疗废物处理设施,是广东省同期同类型在建、待建、筹建项目中规模最大、标准最高的环保基础设施,计划 2021 年下半年试运行。某工业固体废弃物处理项目已顺利试运行。这些项目建成后,C市实现全市生活垃圾和医疗废物"全焚烧、零填埋"的安全处置目标,预计可满足 C 市未来 10 年以上的生活垃圾和医疗废物末端处置需求。目前,两个项目均推进顺利,未发生相关舆情事件或群众反对、聚集等事件。

Ⅱ. 防范化解措施

i. 坚持党建引领，把党的领导贯穿项目建设始终

C 市坚持把全面加强党的领导和党的建设作为全局性、战略性、系统性工程来抓，四级书记一起抓，为项目建设提供坚实的政治保证和组织保证。一是党政一把手亲自抓。C 市成立全市固体废弃物处置基础设施建设专项工作领导小组，由市委、市政府主要负责同志任双组长，统筹推进两个项目的规划布局、建设时序。项目启动以来，C 市主要领导带头扛起政治责任，在重大问题、重大环节、重大步骤上，深入一线研究、把关、决策、督办；项目启动环评后，每月至少 1 次深入项目建设现场、周边村居、外围辐射区调研督导，与党员群众、村"两委"干部面对面交流、听取意见。二是上下联动合力抓。在 C 市市委、市政府统筹调度下，市直各部门、区委区政府、镇党委政府、项目业主、村（居）委会等各方面力量认真做好项目推进工作。成立项目现场指挥部，由区委书记任总指挥，区长以及市生态环境局、市卫生健康局、市城管执法局、市环投公司"一把手"任副总指挥，市、区相关部门和属地镇街负责人为指挥部成员，常驻现场集中办公。C 市市委专门选派市生态环境局党组书记、局长挂任项目所在区委副书记，在项目关键期专职驻点办公。从各职能部门抽调精干力量，组建社会维稳、舆情管理、农村工作、项目科普、环评、交通管理、填埋场内部稳控、公安备勤等多个专班，专职落实项目建设、风险防控等各项具体工作。三是基层干部深入抓。把推进项目建设与加强基层党组织建设结合起来，注重发挥基层党组织、党员干部作用，强化对项目周边村（居）委党员干部的宣传教育。特别是距离某环保项目最近、村内情况最复杂的村庄，由村党委书记、党支部书记直接深入群众具体做工作，积极回应群众利益关切点，科学理性摆事实、讲道理，帮助村中群众打开心结，为项目顺利推进奠定坚实民意基础。

ii. 坚持机制创新，精准科学有序推进项目建设

C 市强化市级统筹，整合市、区、镇、村四级资源力量，明确各项工作权责分工和协同联动，搭建起系统完备、科学高效的工作推进机制。一是构建高效率的指挥调度机制。C 市建立统分结合的市、区双层指挥体系，凡涉及总体部署、方向目标、重大决策、重大问题研究等事项，均由市委、市政府统筹抓总，通过市委常委会会议、市委书记专题会、市政府工作会议等研究酝酿、拍板决定；现场指挥部及时有效推进属地维稳、宣讲动员、解疑释惑、紧急情况处置、业务工作推进等具体事项。强化现场指挥部在项目推进中的信息中枢和统筹协调作用，各线口涉项目信息全部报现场指挥部办公室进行统一处置，做到"一个入口、一

个出口"。对项目推进中遇到的问题以及各类苗头性情况，全部上报现场指挥部综合研判，形成统一处置意见，实现科学决策和快速处置。二是建立全覆盖的责任落实机制。坚持责任第一、认真第一、结果第一，把任务分解到单位、责任落实到个人，市区镇村四级密切配合，对项目推进各个时间节点倒排工期、挂图作战，对环评公示、社会稳定风险评估、立项审批、环评批复、公开招标、场地平整及临时设施动工等每一个时间节点，均落实责任单位和人员，确保环环相扣、无缝衔接。要求涉及项目审批的部门强化责任担当，采取提前对接、提前预审、绿色通道、即到即办等措施，最大限度压缩审批时限。三是实行最严格的项目审核机制。坚持依法依规推进项目建设，按最高标准、最严要求完成环评稳评公示、专家现场踏勘、环评专家评审会等一系列业务程序，确保项目推进全过程无任何法律、技术层面的瑕疵和风险，在项目推进期间未收到一宗对环评报告、招标文件的质疑。四是建立全流程的项目研判机制。紧盯环评稳评、征地拆迁、动工建设三个阶段精准施策，对项目启动、环评、动工等关键节点提前研判，敏锐把握风险传染、转化、联动规律，有针对性地制定实施维稳措施，审时度势把控关键环节的启动时机，在风险可控情况下，分环节分阶段逐步推进项目。

iii. 坚持群众路线，真心实意赢得群众理解信任支持

C市某环保项目通过填埋改焚烧，环境效益明显提升，但仍有部分村民群众认为，填埋终有期限，而焚烧意味着永远有垃圾进来；某工业固体废弃物处理项目周边3公里范围内，共有6所大中专院校、4个高档小区和10余个自然村，常年居住着近10万人口。C市提出践行群众路线，深入细致做好群众工作，最大限度打消群众顾虑、争取群众支持、赢得群众拥护。一是坚持相信群众。始终以开放、包容的姿态与周边居民真诚对话，让群众有序参与进来。推进某环保项目时，分9个批次组织核心区村委会党代表、村"两委"成员、村民代表以及其他媒体工作者等共计992人次，到惠州博罗、杭州九峰参观类似项目；推进某工业固体废弃物处理项目时，组织周边村民代表、学院教职工代表到相关技术先进的日本、新加坡、中国澳门等地垃圾发电厂参观。二是坚持依靠群众。在某环保项目谋划、决策、启动、实施等全过程，依靠群众建立前线观察哨，动态掌握核心区域内人员构成、思想动态、利益诉求、矛盾纠纷和主要风险点，为做好风险防控奠定了坚实基础。某工业固废处理项目主动聘请周边社区、学校的居民和师生作为环境治理监督员，监督员可24小时进入园区任何地点进行监督。三是坚持发动群众。某环保项目正式启动前，市、区、镇三级主要负责同志带头深入项目所在地，尤其是核心区内的村庄，与基层党员干部群众面谈协商，倾听利益诉求

和意见建议，集思广益把家门口的项目规划好、建设好。四是坚持凝聚群众。组成专家驻村工作组，每周二、周四深入核心区村委会驻点接受群众咨询，属地镇街组建 16 个驻村联系工作小组共计 211 人，覆盖核心区 34 个村小组，常态化走村入户累计 2294 人次，把工作做到群众家门口、做到群众心坎上。在项目稳评调查中，表示支持和基本支持项目建设的村民占比达到 98.1%。五是坚持引导群众。项目所在区政府提早选派 7 名政治素质好、群众工作能力强的党员干部，利用下乡工作、开展文体活动等机会，与家族宗亲领头人、外出乡贤等关键人群接触交流，潜移默化，使他们成为项目的支持者。

iv. 坚持底线思维，坚决把风险防控化解工作落实到位

某环保项目包含了生活垃圾焚烧和医疗废物处置两个设施，涉及社会面人群超过 3 万人，属典型涉"邻避"效应项目。C 市坚持把防范风险摆在更加突出位置，谋定而后动，不打无准备、无把握之仗。一是完善风险防控机制。立足该区地缘历史、区情镇情、内事外事、民意习俗，对各领域风险因素和苗头进行全面排查、动态研判，有针对性地制定应对策略，实施风险定期研判机制，坚持紧急信息及时报送、日常信息一日一报、指挥部每周会议碰头研判等工作机制，确保风险隐患化解处置 100% 不过夜。二是制定"三个清单"。制定风险动态清单，在每个重要阶段、关键环节，由责任部门对照任务目标，系统梳理潜在风险，并根据研判结果，及时对风险清单进行更新。制定困难群众帮扶清单，坚持核心区内外有别、困难与刁难有别、短期补偿与长久共享有别，全面梳理困难群众帮扶事项清单，积极开展多元扶助。三是全面防范化解各类风险隐患。建立涉项目苗头隐患台账管理制度，快速处置涉项目苗头隐患，对排查出来的不稳定信访案件进行分解包案，压实化解责任。建立应急响应机制，市宣传、政法、公安、城管、卫健等部门分别制定项目维稳工作预案，项目所在区制定"1+7+2"应急预案，组建起应急处突力量，全面加强巡逻防控与应急处突工作。加强全方位舆情管理，对 4 个村民小组所在核心区域，驻村工作组严格落实责任，工作组成员定期深入农村解答咨询、摸查情况，严防负面舆情倒灌扩散。

v. 坚持统筹兼顾，把推进项目建设与维护群众利益、做好民生实事结合起来

项目能否顺利推进，关键在于赢得群众认同和支持，核心是协调和平衡好当地群众的各种利益。C 市围绕保障项目所在地群众的健康权益、发展权益和环境权益，推动建立多元利益补偿机制，把项目推进与其他各项工作统筹起来，不断满足项目区域内群众对美好生活的向往。一是充分尊重群众合法环境权益。C 市

某环保项目坚持采用国际领先、全国最高技术标准进行设计，并追加投资约 3 亿元提升烟气、污水治理标准，最大程度减少污染物排放，使项目氮氧化物排放标准控制为 80 毫克/立方米（大幅领先国家标准 250 毫克/立方米、欧盟标准 200 毫克/立方米），污水处理达到"零排放"，建成后将成为目前国内排放要求最严、排放标准最高的项目之一。某工业固废处理项目营运管理团队专门成立达标排放技术监督委员会，定期修订排放达标要求，深入开展技术攻关，如今产业园区排放烟尘中的有害气体浓度，仅相当于欧盟 2000 标准值的 1/5，下决心实现增产不增污的目标。二是合理加大民生领域投入。对当地群众重点关注商铺排水不畅、路灯安装等利民工程，逐一落实责任单位、责任人，确保群众合理诉求解决到位。特别是对于群众高度关注的生态补偿金问题，由 2016 年的 20 元/吨上调至 2019 年的 50 元/吨。三是同步推进乡村振兴。支持某环保项目核心区内的 3 个村庄，纳入 C 市乡村振兴示范带建设；鼓励工程建设单位向当地提供更多就业岗位，提高当地村民收入水平。四是系统谋划长远发展。以某环保项目建设为基础，同步规划建设集环保治理产业、环保装备制造、环保科技研发、环保文化教育、生态休闲和观光农业为一体的环保科技小镇，目前，环保科技小镇规划建设得到当地村民的关注和支持，成为化"邻避"为"邻利"的重要举措。某工业固废处理项目融入人文元素设计理念，打造以城市生活固体废弃物处置为题材、集环境科普教育功能于一体的环保主题公园，通过工业旅游景点方式向公众开放，实现了生产的经济效益与环保的社会效益有机结合。

Ⅲ. 经验启示

C 市某环保项目和某工业固废处理项目成功推进，关键是始终做到"八个注重"：一是注重思想引领。项目顺利推进，坚持以习近平新时代中国特色社会主义思想为指导，深入践行习近平生态文明思想，全面贯彻习近平总书记关于防范化解重大风险的重要论述，运用科学理论指导实践、推动工作。二是注重党建统揽。千条万条，党的领导是第一条。把党的全面领导贯穿到"邻避"项目建设全过程、各环节、各方面，充分发挥地方党委总揽全局、协调各方的领导核心作用，充分发挥基层党组织的战斗堡垒作用，充分发挥党员先锋模范作用。三是注重压实责任。千难万难，只要重视就不难。项目每一个环节、每一个步骤都离不开领导重视，必须突出"一把手抓、抓一把手"，压紧压实各方责任，一级带一级、层层抓落实。四是注重健全机制。加强市级统筹，形成党委领导、部门协作、项目业主配合、社会力量积极参与的工作格局，集中力量办大事、办难事、办实事。五是注重源头防控。强化风险预测预警预防，把各方面各领域的风险隐患找准找细找实，制定完善各种应急预案，综合施策、分类施策、精准施策，把风险化解于无形、处置在萌芽。六是注重群众利益。坚持以人民为中心，推动建立多元利益补偿机制，承诺事项不折不扣执行到位，化"邻避"为"邻利"。七是注重公正公开。坚持开门办项目，依法推进信息公开，做好正面宣传引导，做到内容合规、程序合法、手续齐全，确保项目经得起群众和时间的检验。八是注重技术标准。坚持最严排放标准、最新治理技术，从源头上、工程工艺选择上保障群众环境权益。

4.1.1.4　成功案例四：D 市环保能源发电项目

核心经验：打造社会治理共同体　变"邻避"为"迎臂"

党的十九届四中全会提出，"必须加强和创新社会治理，建设人人有责、人人尽责、人人享有的社会治理共同体。完善党委领导、政府负责、民主协商、社会协同、公众参与、法治保障、科技支撑的社会治理体系。"体现了党领导下多方参与、共同治理的科学理念，为破解"邻避"难题提供了新思路。D 市环保能源发电项目曾历经二次选址、群体性事件二次爆发，最终有效化解"邻避"效应，能够平稳落地，源于在推动项目建设实践中，D 市深入贯彻国家领导人对广东提出的"四个走在前列"的重要指示要求，坚持以人民为中心的发展思想，以增进群众的获得感幸福感安全感为出发点和落脚点，强化以小切口推动大转变的工作思路，积极打造共建共治共享、以构建社会治理共同体化解"邻避"难题的路径，使群众从普遍反对到普遍赞成，变"邻避"项目为"迎臂"项目。

Ⅰ. 项目总体情况

D 市环保能源发电项目于 2016 年第一次选址时爆发了严重的"邻避"冲突，项目被迫暂停。2017 年 6 月项目重新启动，总投资约 8.7 亿元，占地面积 101.7 亩，设计规模为日处理生活垃圾 1500 吨。2017 年 11 月项目再次引起了周边群众的关注，11 月 8 日，少数不明真相的周边群众到镇政府非法集聚反映诉求；11 月 12 日，某镇部分群众在各自村口聚集，意图到镇政府及广场表达诉求；11 月 13 日至 23 日，项目所在镇出现市场及商铺歇业、学生缺课的情况。经过各级干部的共同努力，2017 年 11 月 23 日之后至今该镇没有再出现村民聚集情况。2018 年 7 月 D 市环保能源发电项目正式动工平整场地，于 2020 年 1 月 15 日项目正式投产运营，各项指标稳定达标，社会大局保持稳定。

Ⅱ. 防范化解措施

i. 党政牵头抓总，建立高效机制

一是设立前后方工作指挥部。省委、省政府高度重视 D 市环保能源发电项目建设，在"邻避"效应发酵后多次做出批示，提出具体指导意见。D 市市委、市政府主要领导以及市有关领导同志到项目所在镇一线靠前指挥，进村入户，直面群众，研判形势，解决问题。统筹成立由市领导牵头抓总的群众工作、项目推进、现场处置、公安维稳、舆情处置 5 个专责小组，切实强化组织领导。二是建立多方参与协商的社会治理共同体理事会。建立由区党委政府、项目运营企业及村镇干部群众代表组成的社会治理共同体理事会，共同协商推进各项工作，形成党委领导、多方参与的协商治理模式。三是建立统一高效的工作机制。区委主要负责同志担任群众工作组组长，区政府主要负责同志担任项目前线维稳指挥长和项目主体谈判工作组组长，统筹协调合力推进项目建设。组成 15 个驻村工作组，抽调一批精干干部充实队伍力量，层层压实责任，充分发挥党员干部引领作用，深入一线做好群众工作。专责小组各司其职、各负其责，有效强化相关工作联动机制和应急冲突处理机制，及时解决项目建设存在问题，确保事事有决议、工作有落实、问题能解决，为项目顺利推进保驾护航。

ii. 坚持党建引领，做好群众工作

一是发挥基层党组织的头雁引领作用。在项目所在镇的各个驻村工作组成立临时党支部，由区驻村领导任党支部书记，带领一线党员吃苦在前、冲锋在前、担当在前。在最初"门不能进"的时候，党员领导干部带头一次一次敲开群众的门，耐心细致做通群众的思想工作。加大基层党建工作保障力度，给予村委会党组织工作经费支持，支持基层党组织牵头兴办民生微实事，如村党支部带头整合集体土地种植油菜花，使村级集体经济收入实现从零到 8 万元/年的突破，让基层党组织在群众当中有威信、有地位。二是发挥党员干部的先锋模范作用。结合党的十九大精神学习宣讲活动，由市、区两级领导分类分批与镇村"两委"干部以及各站所党员干部进行谈心谈话，为党性强、理解支持项目的干部加油鼓劲，对项目存有疑虑的干部释疑解惑、促转变思想。在 2018 年春节期间，抓住外出人员返乡过年的有利时机，在原有驻村工作组的基础上，安排市辖区、区辖区内原籍公职人员 1300 多名回乡开展群众工作。驻村干部每天在村委会或村民家中就餐，参与民生微实事、新农村建设以及春耕备耕等，与村民同吃同住同劳动，渐渐与群众交上了朋友、建立了感情，做到问题在一线发现、矛盾在一线化解、工作在一线推动，不断实现基层创新从"物理变化"向"化学反应"转变。

iii. 正面宣传引导，消除群众疑虑

一是组织外出参观。分批组织项目所在镇原籍教职员工、医护人员、村（社区）"两委"干部等外出参观，按照核心村 80% 以上村民、外围村每户至少 1 名村民外出参观的原则，广泛动员村民到中山、惠州等地已建成运行的垃圾焚烧发电项目参观，外出参观人数累计超 1.1 万人次。针对农村外出务工人员较多的实际，组成项目所在镇"外地"群众工作小组，到珠江三角洲兄弟城市走访乡亲社团、外出务工经商人员，动员乡贤实地参观同类型项目。通过"眼见为实"的外出参观，以及聘请专家开展科普知识宣传等办法，有效地转变了群众对垃圾焚烧发电项目"妖魔化"的认识。二是加强媒体正面宣传。发挥传统媒体与新媒体"双重阵地"作用，加大正面宣传力度，及时发布公告辟谣，澄清事实真相，消除群众疑虑，维护社会稳定。自 2017 年 11 月以来，市区两级媒体推送项目相关知识及政策法规宣传稿件 1300 多条，印制宣传小册子 90 000 多份、宣传海报 3000 多份，并组成规划、环保专家咨询组深入村（社区）进行现场答疑解惑。

iv. 办好民生实事，满足群众所盼

一是在乡村振兴中提升群众信任度。坚持以人民为中心的发展理念，通过在项目选址地的核心村、重点村、外围村分别开展新农村示范点建设和农村基础设施建设。大力发展"一村一品""一镇一业"，帮助项目所在地从原来只种水稻、桂皮等单一化、小规模种植业发展到南药、蔬菜、蜂蜜等多种种植、养殖基地。2017 年 11 月以来，核心村、重点村、外围村累计已完成农田水利设施建设、道路硬底化、路灯照明等民生微实事 300 多项，扶持新建或改造排洪渠 26 千米，被群众称为新时代"红旗渠"。市、区两级投入 1.5 亿元，整合三个镇的产业、生态、文化等资源，打造乡村旅游示范区，发展特色农业和休闲旅游产业，极大提升了乡村资源价值，项目所在地的村容村貌焕然一新，农民收入得到了显著提升，让群众对家乡的发展有期待、有盼头、有希望。与 2017 年相比，2019 年项目所在镇农业产值从 3.8 亿元增加到 4.6 亿元，农民人均纯收入从 14 059 元增加到 19 228 元，农业合作社从 19 家增加到 35 家，农村新建房屋从 63 间增加到 272 间。村民从最初工作组进村时投来质疑的目光，转变为笑脸相迎。二是在利益回馈中提升群众的获得感。通过建立共建共治共享发展基金，由运营企业将项目每年运营利润的部分资金用于回馈当地村民、支持地方建设，由社会治理共同体理事会通过民主协商统筹合理安排。建立企业员工本地化优先的用人机制，通过建设环保主题研学实践基地延伸环保产业、树立企业形象，并优先对村民给予设施共享、助学帮扶、免费体检、医疗资助等公益服务，用真金白银承担起企业社会责任，筑牢利益共享、相互信任、荣辱与共的经济基础。三是在化解矛盾纠纷中提升群众满意度。随着项目各项工作的推进，项目所在镇及周边镇各种矛盾交织，既有历史遗留问题，也有因新农村建设利益分配等出现的新矛盾。针对历史遗留问题，迅速成立化解历史遗留问题专责小组，对排查出 2015 年以来的信访事项和矛盾纠纷开展全面核查，确保已化解信访事项案结事了，对未化解信访事项严格落实责任进行化解，对暂时不能化解的做好跟踪稳控。开展为期两个月的化解历史矛盾攻坚活动，妥善处置了一批历史遗留问题。

v. 依法依规推进，赢得群众支持

一是守住"两个不开工"底线。充分尊重和落实群众的知情权、参与权和表达权，确保项目建设全过程公开透明和依法依规，守住"两个不开工"（没有征得群众充分理解支持不开工，没有履行完法定程序不开工）的底线。二是符合"五个条件"前提。从 2018 年 1 月开始，在符合"五个条件"（项目选址 3 千米半径范围内的 3 个村 90% 以上的群众基本同意，项目选址 6 公里半径范围内的群众明确表示不对抗，社会稳定大局整体可控，处理好项目建设主体，确保项目建成后管理安全高效）的前提下，依法依规依程序做好项目每一次公示，做到一个环节都不能漏、一项内容都不能缺、一个步骤都不能错，项目前期有关公示公参都按照法定程序、范围、对象进行公示并顺利完成。三是实现"四个没有"目标。公示期间均实现"四个没有"（没有收到群众对项目公示的有关反对意见，没有出现群众聚集表达诉求，社会面和网上舆情没有出现异常情况，没有发现境外敌对势力或非政府组织介入）的预期目标。

vi. 加强监督管理，保障项目平稳

一是政府加强监督管理。项目建设期间，持续保持高度警惕，克服麻痹大意思想，坚持"小题大作"思想和如临深渊、如履薄冰、战战兢兢的心态，全力以赴做好项目建设社会稳控工作，抓好项目工程建设各环节监督管理，在严格把好工程质量和安全关的前提下，加快推进项目主体工程和配套设施工程建设，特别是督促施工单位，优化施工计划，建立群众监督跟踪机制，积极推进项目工程建设。二是企业公开透明主动接受监督。由运营企业牵头组建项目运营监督议事会，开门回应群众关切、听取群众意见，自主开展排放物抽样监测并向社会公开，每月安排公众开放日，主动接受政府、群众及社会各界的监督，确保经得起看、闻、听、测，让群众放心、满意。

Ⅲ. 经验启示

"D 市"的典型案例表明，在"邻避"效应下打造共建共治共享的社会治理共同体，把党的领导作为根本保证，坚持以人民为中心的发展理念，凝聚起政府、企业、社会等各种主体的治理合力，寻求社会意愿和诉求的最大公约数，不断满足人民群众日益增长的美好生活需要，是破解"邻避"效应卓有成效的新路径。具体来说，关键是做到"六个落实"。

一是落实党委领导。充分发挥党总揽全局、协调各方的领航员、主心骨作用，把党的领导贯彻到"邻避"项目建设全过程、各环节、各方面，推动基层党建与项目推进工作有机融合，发挥基层党组织的头雁引领作用和党员干部的模范带头作用。二是落实政府负责。充分发挥政府在"邻避"项目推进过程中的主导作用，D市政府牵头成立由市领导牵头抓总的群众工作、项目推进、现场处置、公安维稳、舆情处置5个专责小组，区政府牵头负责项目前线维稳指挥和项目主体谈判工作，统筹协调合力推进项目建设。三是落实民主协商。实现由威权式管控向协商式疏导转变、由单向压力传导向多维互动治理转变、由社会（经济）组织和个人被动参与向主动参与转变。D市促进政府、企业、村民三方平等对话、互惠合作，发挥村民自治作用，坚持"村中事、村中议、村中人办"，最大限度地尊重村民、团结村民。四是落实社会协同。完善多方参与的协同机制，形成优势互补、资源共享、协同互益的格局。D市建立由区党委政府、项目运营企业及镇村干部群众代表组成的社会治理共同体理事会，共同协商推进各项工作。建立企业与政府、群众利益共享、相互信任、荣辱与共、和谐共赢的"邻里"关系。五是落实公众参与。发挥群众主体作用，动员群众积极主动参与进来，是推进社会治理共同体建设的内生动力。在"人人享有"的社会治理共同体中，社会治理要突出人人参与、人人受益的价值取向。D市通过实施乡村振兴战略、民生微实事、化解群众矛盾、利益共享、举办丰收节、实施垃圾分类等举措，最大限度调动人民群众参与的积极性、主动性和创造性，发挥了群众的主人翁作用。六是落实法制保障。"邻避"项目建设要全过程公开透明和依法依规，充分尊重和落实群众的知情权、参与权和表达权。建立处理协调人民内部矛盾的有效机制，坚持和发展"枫桥经验"，畅通群众表达诉求、理性维权的通道，加强普法宣传教育，引导社会公众培育和形成自觉守法、遇事找法、解决问题靠法的法治思维。

4.1.1.5　成功案例五：E市某石化基地炼化一体化项目

核心经验："五步法"推动，破解"邻避"难题

石化产业是国民经济的重要支柱产业，是国际产业竞争的重要战略产业。但随着人民群众生态环境意识和健康安全意识增强，出于对石化项目可能带来环境污染和生命健康危害的担忧，导致石化项目建设往往因"邻避"问题陷入"一上就闹、一闹就停"的困境。E市在建设石化项目时认真总结国内已建成的石化项目成功经验，吸取国内PX项目涉"邻避"问题的教训，创新"部署早、落得实、做得细、让得多、控得严"五步法，克服了重重困难，实现了"零群体性事件""零上访"，高效圆满完成石化项目环评稳评工作，这在全省甚至全国石化项目建设中都是极为难得的。

Ⅰ．项目总体情况

E市石化基地炼化一体化建设项目（以下简称"石化项目"）总投资654.3亿元，建成投产后年产值可达千亿元以上，未来将在该片区形成一个世界级石化基地。该项目启动规划之初即面临着前所未有的"三大难题"：一是PX项目存在较大"邻避"风险。相邻地区基层治理薄弱，社会治安综合治理难度大，易引发社会风险，可能影响项目建设。二是项目所在地涉及村庄整村搬迁困难重重。由于石化项目建设规定投产后直径1.3千米范围内不能有村庄，5个行政村需整村搬迁异地重建，涉及549户2977人的搬迁安置和1000多穴祖坟迁移安置、不同姓氏祖祠解决问题以及新村的建设，同时存在少数人员不断教唆、煽动村民拒绝签订搬迁安置协议、部分村民对失地搬迁后家庭生活保障及劳力出路问题顾虑较大。三是环评、稳评环节风险重重。项目复建的前置条件是必须开展变更环评第二次信息公示与公众参与工作。项目环评稳评参与面广，参与人员结构复杂。涉及本市及邻市共3个县区，13个镇（街）、88个村（居）、133个单位团体的入户问卷调查和公众参与工作，需要召开2场每场近百人的公众参与座谈会，完成公告张贴103处，回收问卷调查2000余份。在此环节，稍有不慎极可能引发大规模群体性事件。

面对"三大难题"，E市首创了"部署早、落得实、做得细、让得多、控得严"五步法，全力防范化解重点项目"邻避"问题，重点抓好搬迁工作，切实解决项目建设瓶颈制约，实现"零投诉、零上访、零群体性事件"，为项目顺利开工建设奠定扎实基础。

Ⅱ．防范化解措施

ⅰ．部署早：主动对接，建立省市地企联动机制

一是提前谋划，早抓部署。2017年9月，项目复建工作还未正式开展之前，E市市委、市政府就成立了石化项目预防处置群体性事件领导小组，全面防范化解各类风险。2018年初，E市委成立了由市委书记任组长，市委副书记、市长和

市委副书记、政法委书记为副组长的领导小组，统筹协调推进项目建设，有力推动项目二期征地搬迁工作顺利进行。项目环评前，E 市市委专门召开常委会研究部署环评相关工作，抽调 3 名市领导和项目所在石化工业区、项目建设单位主要领导，成立石化项目第二期环评工作指挥部，下设综合协调组、舆情调处组、社会稳控组、技术专家组四个工作小组，保障项目社会稳定工作。

二是协同合作，地企共建。项目规划过程中，E 市领导多次深入石化项目现场调研，解决项目建设中碰到的实际问题。项目所在县、工业园区、项目建设单位分别成立预防处置群体性事件工作领导小组和工作组，负责做好本地区、本系统的社会稳定工作。项目建设单位成立"邻避"效应工作领导小组，指定新闻发言人，建立"邻避"工作专家组，全面做好"邻避"风险防控。

三是主动对接，省市联动。项目规划建设过程中，E 市委市政府积极主动向中央、省委省政府及有关部门汇报相关工作，建立密切联系对接机制。在开展项目环评第二次信息公示与公众参与工作的关键时刻，省委政法委召开专题会议，明确省市上下联动，建立健全协调联动、舆情引导、依法处置等工作机制，落实有关部门共同做好项目建设社会稳定工作。项目环评一启动，环评指挥部立即启动对接联系机制，落实市委政法委对接省委政法委及时启动"省市县镇"四级社会稳定工作专班；市委宣传部对接省委宣传部、省有关媒体及时启动联动机制；市公安局对接省公安厅及周边公安部门及时启动专项行动有关工作，省市联动全力保障项目"三评"工作顺利完成。

ii. 落得实：领导带头，层层压实责任形成合力

项目环评前，E 市市委书记、市长多次带队深入项目建设现场检查指导。项目环评阶段，市委书记亲临一线，靠前指挥，提出"统一口径、统一领导、统一内容"的针对性指导意见，并协调解决项目环评碰到的实际问题。环评指挥部总指挥长期驻点项目所在石化工业区现场办公，做到各项工作无缝对接；多次召集相关县区的主要领导研究工作，落实有关责任，确保各方面都能全力支持配合做好项目环评工作。通过层层压实属地主体责任和相关部门主管责任，细化工作日程安排和责任落实单位，建立联系人制度、"早部署、晚汇总；抓细节、重落实"工作机制，做到一天一研判、一天一汇总、一天一通报，确保各项工作万无一失。

iii. 做得细：用心用情，带动群众做好群众工作

做好群众工作、取得群众支持是项目顺利复工建设的基础。用心用情，做细做实群众工作是取得环评稳评调查满意度达 99.9% 的关键所在。

一是用情做好群众沟通宣传工作。在前期顺利完成 8000 亩项目配套用地征地工作的基础上，坚持"依法搬迁、综合实施、服务群众、共促发展"的原则，一户一策推动某村整体搬迁工作。抽调基层工作经验丰富、善于做群众工作的人员组成 13 个工作组，以受得了骂声、耐得住烦躁、挨得起疲惫的精神进村入户，面对面做好村民思想工作和政策宣传。2019 年 4 月，该村整村搬迁协议签订工作陷入僵局，协议签订率长时间停留在 80% 以下。市委有关领导利用清明等节假日，带队进驻项目所在区，带头挂钩拒签协议重点户，做好群众工作。发挥该村乡贤理事会作用，由族老乡贤做好关键人员思想转化工作，做到沟通协商，听取意见，消除顾虑，解决诉求，取得了村民信任和支持，有力推动整村搬迁协议签订工作，实现全村搬迁协议"零上访"100% 签订，资产评估 100% 完成，为项目推进打下坚实基础。

二是扎实做好环评稳评公众参与工作。在开展公众参与问卷调查工作前，提前研判到需面向 3 个县区群众发放 2000 多份调查问卷，召开两场公众参与座谈会，公众参与人员涉及近 5 万人，参与面广、结构复杂。E 市环评指挥部就问卷调查工作的流程、相关镇（街）的重点村和关键人，社会面涉项目环评关键人的管理工作予以明确，对做好入户调查工作细化工作措施，协调各地做好各自辖区开展进村入户填写调查问卷和社会稳控工作，发动广大群众，大力支持积极参与项目环评有关工作。入户调查期间，工作组会同环评公司有关人员，严格按照环评工作规程，把对群众的宣传教育贯穿在全过程，现场公示、拍照存档，一对一做细教育引导群众工作，引导群众支持项目建设。

三是持续做好宣传教育引导工作。起草发放《致村民代表的感谢信》，致谢在环评工作中给予大力支持的广大群众代表，并进一步明晰接受上级部门电话抽样摸查等工作。对极个别填写"基本支持""无所谓"的群众，采取"一对一"谈心，做好宣传教育引导工作，彻底消除个别群众心中疑虑，营造项目建设的良好群众基础。

iv. 让得多：以民为本，让利于民为群众谋福利

重大项目建设是调结构、促转变的重要途径，是保民生、促稳定的关键举措。E 市坚持从群众利益出发，按照"共建共享，集约节约"的原则，把项目建设与民生发展紧紧联系在一起，让人民群众共享发展成果。

一是建设民生工程。坚持因地制宜、民生优先和尊重村民意愿的原则规划建设某新村。某新村计划总投资 8.78 亿元，建设安置房 612 套，按照一户一宅的标准，为每户建设建筑面积 231 平方米的 2 层半住宅楼房并做好装修，配套建设

学校、幼儿园、公共文化及村政办公室、社区服务中心、小公园、景观绿化工程和停车位等公共服务设施，有效解决该村整体搬迁安置问题。

二是制定补偿方案。制定搬迁补偿安置实施方案，由 13 个工作组带 549 份方案分发到各家各户，征求村民意见后形成安置补助标准。对选择集中安置村民，以户为单位实行统一安置，每人免费提供建筑面积 20 平方米住房，建筑面积超过部分按建筑成本价购买；对选择自主安置村民，按每人 5.6 万元给予一次性货币补偿。制定奖励优惠办法，对先签订协议的村民按每户人口数奖励住房安置面积 8 平方米，自主安置的每人奖励 2.4 万元；对按期搬迁腾房的每人最高奖励 2 万元。制定搬迁人口生产生活安置补助发放办法，对 16 周岁以下村民连续三年每人每月补助 300 元，16～59 周岁村民每人每月补助 1000 元，对年满 60 周岁搬迁人口逐月发放补助。完成意见收集后，结合资产评估结果形成完整方案。

三是提供就业保障。在与项目建设单位合作协议中明确支持解决搬迁村劳动力出路问题，在项目建成投产后对该村专业对口大学毕业生在同等招聘条件下给予优先录用，在同等条件下最大限度对技能学历要求较低的非熟练工种优先招聘该村村民，积极解决搬迁失地农民就业问题。

v. 控得严：全程预警，确保项目建设大局稳定

把项目稳控作为重中之重，充分发挥石化项目预防处置群体性事件领导小组作用，主动研判和积极化解项目调整优化、村庄搬迁和环评稳评可能带来的"邻避"效应，全力确保项目建设大局稳定。

一是全面强化治安管理。结合扫黑除恶专项斗争和社会治安综合治理"众剑行动"，协调国安、公安等部门建立工作联动机制，及时获取深层次、内幕性、倾向性信息，确保出现问题第一时间发现、第一时处置，全力维护项目所在地社会面平稳。市委书记带队进驻项目所在工业区，落实完善治安视频监控设施建设，打造社会综合治理安全网。突出重点对辖区内涉毒涉黑涉恶犯罪集中开展铁腕打击。全面落实信访维稳责任制，强化网格化服务管理和信息报送，及时扑灭苗头性倾向性问题。着手准备建设项目所在工业区智能化大数据平台，在治安复杂场所、主干道等重点部位建设视频监控点 46 个、治安卡口 5 个、电子围栏 4 处、WiFi 探点 20 个，为项目建设提供坚强保障。

二是积极开展舆论引导。项目第二期环评启动前，加强网络舆论管理，密切关注境内外动态，针对网上负面敏感信息，及时做好答疑释惑工作，坚决防止负面炒作。核查处置各类谣言及有害信息等，妥善处置群体性事件，做到早发现、早处置，早化解，防止事态扩大。加强分析研究，邀请专业第三方机构对"邻

避"项目建设过程中的舆情应对工作进行专业指导。

三是提前制定应急预案。制订《环评工作舆情应对中同步做好依法处理、舆情引导、社会面管理"三同步"工作方案》，统筹推动环评、稳评工作过程中矛盾纠纷滚动排查、收集掌握线索及苗头隐患，及时组织开展形势研判。制定环评公众参与座谈会应急预案，策划安保应急联动措施，做好会场秩序维护与应急通道值守，应对可能突发情况。

Ⅲ. 经验启示

E市石化项目能够做到"零上访""零群体性事件"平稳落地，关键是始终做到"四个坚持"：一是坚持高位推进部署。市委、市政府主要领导亲自挂帅，成立预防处置群体性事件领导小组、环评工作指挥部，统筹协调推进项目建设，有力推动项目前期征地搬迁、环评稳评工作顺利进行。二是坚持全面协同联动。建立密切联系对接机制，主动与省委、省政府及相关部门对接，主动与E市各区县相关部门、企业对接协商，全面做好"邻避"效应风险防控。三是坚持做好群众工作。抽调工作组进村入户与群众面对面深入交谈，做好思想工作与政策宣传，发挥好乡贤理事会的作用，主动邀请相关人士沟通协商，消除顾虑，解决诉求，取得群众的信任和支持。四是坚持共建共治共享。把项目建设与民生发展紧紧联系在一起，因地制宜，推动多元利益补偿机制，努力提升群众的获得感、幸福感、安全感，化"邻避"为"邻利"。

4.1.2　失败典型案例及教训

4.1.2.1　失败案例一：F县垃圾焚烧发电项目群体性事件

主要教训：风险评估"走过场"群众工作"做虚工"
"低"风险项目缘何爆发"邻避"冲突？

为进一步改善城乡人居环境，切实提升生态文明建设水平，实现生活垃圾处理无害化、减量化、资源化，F县根据上级文件精神，决定建设垃圾焚烧发电项目并配套建设污泥干化处理车间和垃圾焚烧飞灰无害化填埋场，结果在项目选址意见公示期间发生了"邻避"群体性聚集事件，最终以项目取消选址为代价使事件得以平息，项目前期开展的社会稳定风险评估结论为低风险，为何"低"风险项目爆发了"邻避"冲突？

Ⅰ. 项目总体情况

F 县垃圾焚烧发电项目选址地 5 千米范围内涉及 6 万余名常住村民。当该项目选址意见核发批前公示期届满当天，有地质勘探组在项目选址地进行地质勘探，群众误以为垃圾焚烧发电项目方在未处理好群众意见的基础上进行动工，继而在附近公路及高速路口发生了持续数天的群众聚集事件。事件发生后，省、市领导高度重视，及时做出一系列指挥部署，最终以项目取消选址为代价使事态得到平息。

Ⅱ. 事件发生过程

i. 项目启动阶段

该垃圾焚烧发电项目计划在两年内建成并正式投产运营，在项目启动的同时，当地县委、县政府成立了由县委书记、县长为组长的领导小组并出台了该项目建设的工作方案。

ii. 决策审批阶段

项目建设方开展了社会稳定风险评估、环境影响评价、项目选址论证报告、可行性研究报告等前期论证审批工作；并分批次组织县、镇人大代表、政协委员和项目所在地周边镇村干部、村民代表数百余人次前往惠州、珠海等地参观了解垃圾焚烧发电工艺流程。

iii. 信息公示阶段

1）项目环境影响评价公众参与率先进行了第一次信息公示，后续并做了补充公示。

2）环评第一次信息公示后第四个月，项目社会稳定风险评估报告通过了专家评审会，项目被评为低风险；随后，项目社会稳定风险等级专家组评估意见公示，公示期 7 天。

3）环评第一次信息公示后第五个月，项目选址意见核发批前公示，公示期 10 天。

iv. 事件爆发阶段

1）项目选址意见核发批前公示期届满当日，地质勘探组在项目选址地进行地质勘探，随后在该镇某公路旁发生数十人群众聚集事件。

2）聚集事件第二日，发生数十人聚集事件。

3）聚集事件第三日，发生数百人聚集事件。

4）聚集事件第四日，最多逾千人聚集游行，当日下午 F 县发出暂停建设该项目的公告后，聚集人员和游行人员几乎全部散去。

5）聚集事件第五日，凌晨 6 时，F 县发布取消该项目选址的公告，事件平息。

Ⅲ. 项目推进过程存在的问题

i. 思想重视度不够，主体责任落实不足

一是思想重视度不够。县领导小组对垃圾焚烧发电项目相关"邻避"问题的敏感性、复杂性、风险性和特殊性认识不足，特别是对"邻避"项目建设的要求、遵循的原则、注意的事项不熟悉，思想重视度不够，特别是首日发生少数群众聚集后，对可能出现不稳定的苗头性重视不够，预见不足，分析研判不深入，群众工作不到位，为后续引发群体性事件埋下隐患。在群体性事件发生前该项目尚未列入省"邻避"台账管理，把该项目当成一般建设项目对待。二是项目决策层级不高。虽然 F 县成立了领导小组并制定出台了该项目建设的工作方案，但作为垃圾焚烧发电项目这样的"邻避"项目，决策层级不高，对"邻避"效应的综合应对能力有限，无法整合全市公安、宣传、环保、维稳等各方资源，无法有效统筹地方和企业各方力量形成职责清晰、充分联动、有效监督的工作机制。

ii. 对周边人群摸排不到位，群众工作不够细致

一是对周边人群摸排不到位。该项目启动前未系统摸排筛查当地群众的人员构成情况，未能发挥本地有威望群体带动一片的作用，未得到外地乡贤们的支持理解。二是群众工作不够细致。在项目选址、项目宣传等工作中，当地政府通过"决定—宣布—辩护"的模式将公众参与排除在决策程序之外，未充分征求民意，忽略了群众的主体意识，沟通工作少，征求意见不充分，未能发动群众主动参与到项目建设中，怎样建设、建成什么样以及如何进行公益性补偿等群众关切的问题缺乏充分沟通，特别是对外地乡贤的沟通宣传工作不到位，造成部分镇部分外出乡贤对项目选址不理解、不支持，通过微信群、公众号等有预谋、有组织、有计划、有分工地煽动在家群众聚集游行。根据相关资料，其间有逾百名外出人员回乡参加了聚集事件，其中部分外出返乡人员出人出钱出力，从中甚至起到了领导和组织作用，加剧了不良社会影响的扩散。

iii. 风险评估流于形式，评估结果偏离实际

一是项目社会稳定风险评估流于形式。该项目选址地 5 千米范围内，涉及数万余人。在前期进行项目社会稳定风险评估工作时，没有细致全面地了解周边群众意见，只是对项目 3 千米范围内的村委进行调研，发放了数百份问卷，相对于受影响人群数量，问卷调查范围不够，调查样本数少，调查结果不能代表绝大多数受影响群众的意见。特别是周边某镇存在香港等地务工或经商的人员较多、属

于典型侨乡的特殊情况，对待有涉港澳侨乡的特殊情况，没有增强风险意识，对外地工作人员和侨乡这些情况未能充分评估分析研判。二是评估结果偏离实际。轻信有限的问卷调查结果，F 县垃圾焚烧发电项目社会稳定风险等级被定为低风险，而且评估时没有考虑风向问题，聚集人员最多的是距离项目 3 公里以外的群众。

iv. 宣传疏导和舆情对应不足

一是宣传疏导工作不到位。F 县自项目启动后，曾多次组织县、镇人大代表、政协委员和项目所在地周边镇村干部、村民代表前往惠州市博罗生活垃圾焚烧厂、珠海市垃圾焚烧厂参观了解垃圾焚烧发电工艺流程。但存在宣传对象接地气不足的问题，没有让参观的群众从参观项目的周边环境去感受，没有发挥参观点群众现身说教的作用。宣传的范围相对较小（数百人次），忽视了对外出人员的宣传。宣传方式单一，没有充分发挥新媒体和基层党组织的作用，成效不够理想，群众对科普知识不了解，心存疑虑不认同。相对于项目选址的影响范围来说，宣传工作覆盖面过窄，受众面过小。而且，前期入户宣传时，相关的宣传画册、单张不足，未能全方位宣传，导致有较多群众（特别是外出人员）对垃圾焚烧发电项目表示不理解，不支持在自己家乡建设垃圾焚烧发电厂。二是情报信息收集研判预警不到位。情报信息收集掌握得不准确、不全面、不及时。对挑头人物和幕后策划者情况掌握不多，了解不深，未能做到有动必知，未动先知。对可能出现的涉稳问题分析研判不够透彻，估计不足，能获取到的根源性、深层次的核心信息量少。特别是基层组织的作用没有发挥好，没有结合农村是熟人社会，重微信信息轻视邻里口口相传，造成被动局面。三是稳控工作措施不到位，缺乏对涉"邻避"项目群体性事件的处置经验，对参与聚集人数估计不足、准备不足，对参与聚集的群众稳控措施不到位，应急处置部署不充分。

Ⅳ. 经验与启示

i. 加强组织领导，提升政府决策管理水平

要加强组织领导，压实主体责任。提升政府决策管理水平。要主动提升政府管理体系和治理能力现代化建设水平，创造化解"邻避"冲突的良好政治生态。加强和创新社会治理，建设人人有责、人人尽责、人人享有的社会治理共同体。完善党委领导、政府负责、民主协商、社会协同、公众参与、法治保障、科技支撑的社会治理体系。坚持以人民为中心的发展理念，积极打造共建共治共享的治理格局。突出加强社会基层治理，充分发挥基层党组织战斗堡垒作用，让村干部、村中党员，以及本村户籍的公职人员发挥头雁引领作用。

ii. 加强宣传引导，做实做细群众工作

一是要加强正面宣传引导。充分利用报刊、广播、电视、新媒体等各种媒体和传播手段滚动播放，利用权威的平台和主流媒体开展全方位、多渠道、常态化的宣传教育，增进公众对垃圾焚烧发电项目的理解和信任，及时清除群众的错误认识，切实化解群众的抵触情绪。二是加强普法宣传教育。引导社会公众培育和形成自觉守法、遇事找法、解决问题靠法的法治思维。坚持和发展"枫桥经验"，畅通群众表达诉求、理性维权的通道。县镇领导下沉一线，分片包干，引导群众推选代表面对面沟通，并对群众进行疏导教育。三是深入细致做好群众工作。发挥群众主体作用，动员群众积极主动参与进全县垃圾处理项目中来，推进共建共治共享治理格局。运用群众听得懂的语言、信得过的方式，走村入户，以增进群众的获得感幸福感安全感为出发点和落脚点，发挥乡贤等群体的作用，引导群众正确看待项目建设，做到问题在一线发现、矛盾在一线化解、工作在一线推动。加强与外出乡贤沟通联系，沟通交流有关工作情况，争取外出乡贤对家乡各项建设的支持和帮助，最大限度把群众凝聚在党委政府周围。

iii. 科学开展风险评估，依法依规推进项目

一是要科学开展社会稳定风险评估。结合实际，扩大风险评估对象范围，把受项目影响的所有公众纳入社会稳定风险评估范围中，对项目建设全过程可能引起的社会不稳定因素进行分析、预测和评估，了解项目建设可能引起的"邻避"效应和可控程度。对低风险项目，要坚定决心，强化措施，坚决推进；对中风险项目，要落实相关程序，优化技术措施，深化群众工作，有效降低风险等级后稳妥推进；对高风险项目，应调整决策方案，做出重新规划选址等变更部署。二是要依法依规推进项目。确保项目建设全过程公开透明和依法依规，充分尊重和落实群众的知情权、参与权和表达权。依法依规依程序做好项目每一次公示，做到一个环节都不能漏、一项内容都不能缺、一个步骤都不能错，项目前期有关公示公参都按照法定程序、范围、对象进行公示并顺利完成。

iv. 加强应急处突能力

建立完善应急预案和应对措施。根据可能出现的网络舆情和群体性事件等各类突发情况，及时制定完善应急预案，落实有力措施。对可能发生群体性聚集的地点及周边镇村，设立工作专班。安排警力加强治安巡逻，备足备强应急处置力量，及时妥善应对可能出现的突发情况，确保社会面平稳有序。

4.1.2.2 失败案例二：G 市某工业危险废物处理项目群体性事件

主要教训：侥幸"忽视风险"麻痹"放过隐患"
"一般建设项目"缘何引发群体性事件？

近几年来，G 市全力推进某工业危险废物处理项目建设。在项目环境影响评价第一次公示后，因群众反对发生了大规模群体性聚集和网络舆情，最终项目被迫停止。在筹备阶段，该项目未列入省"邻避"台账管理，被当成一般建设项目对待，"一般建设项目"的某工业危废处理设施缘何引发群体性事件？

Ⅰ. 项目总体概况

G 市某工业危险废物处理项目在按计划制定相关利益补偿方案、动员培训镇村两级干部等多项筹备工作后，开展环境影响评价公众参与第一次信息公示。公示期间，因群众反对在当地建设该项目，村民在项目所在镇某广场、某市场门口等地发生群体性聚集事件，最高峰时约有数百人。群体性事件发生后，省、市、区领导高度重视，大力开展疏导安抚工作，为全力确保社会稳定，至第二日晚上，G 市决定紧急暂停该项目环境影响评价第一次公示工作，群体性事件得到平息。

Ⅱ. 事件发生过程

i. 项目启动阶段

项目所在区领导部署全力推进某工业危险废物处理项目规划建设，并制定利益补偿方案、动员培训镇村两级干部等前期筹备工作。

ii. 环评信息公示阶段

1）项目环境影响评价公众参与进行第一次信息公示，公示 7 个工作日内，项目共收集意见反馈电话数百个、邮件数千份。绝大多数意见反对项目在选址地建设，少数意见表示疑虑。

2）信息公示第四日：项目所在镇数十名村民到村委会质询，反对引入某工业危险废物处理项目。

3）信息公示第五日：为反对建设某工业危险废物处理项目，数十名村民先后到项目选址地点聚集，数十名村民到镇政府门口聚集。

4）信息公示第六至七日：个别村民自发到镇某广场进行签名，反对项目选址在该村。

iii. 事件爆发阶段

1）信息公示结束后第一日，近百名村民聚集在镇某广场，在此期间部分人员手持写有"抗议"的 A4 纸反应诉求，沿途吸引较多围观群众。

2）聚集事件第二日：数百人在某市场门口聚集，聚集人员从该市场出发，经某车站往某酒店方向行走。

3）聚集事件第三日：G 市项目所在镇政府宣告停止该项目建设，并向社会发布公告，事件基本得到平息。

Ⅲ. 项目推进过程存在的问题

i. 思想重视度不够

当地党政领导对工业危险废物处理项目这样的"邻避"项目的敏感性、复杂性、风险性和特殊性认识不足，思想重视度不够，在群体性事件发生前该项目尚未列入省"邻避"台账，把该项目当成一般建设项目对待。按照项目环评公参相关要求，环评公参过程分为三个阶段，第一次公示主要是听取和收集公众意见，为编制项目环评报告做准备。G 市根据前期工作情况和过往经验，对发生大规模群众聚集表达反对意见的情况预估不足，重视不够，分析研判不深入，群众工作不到位，为后续引发群体性事件埋下隐患。

ii. 规划选址前瞻性不足

一方面，G 市早期的城市规划，未将各类环保基础设施纳入城市整体规划中进行一体规划、提早布局，项目选址地周围有关配套跟不上，不少群众在反对意见中指出建设该项目与政府前期的规划理念不匹配。另一方面，选址不够理想，G 市土地开发强度较高、人口相对密集，半径 3 千米环境影响评价公众影响范围内仍然涉及数万人，加之历史遗留问题叠加，积压矛盾多，居民容易借项目提出其他诉求。

iii. 群众工作不到位

项目环评公示是"邻避"高风险环节，在第一次公示前 G 市虽然已对镇领导、村两委干部、村民党员、积极分子进行宣传发动，补偿方案也与相应村的两委干部达成了初步共识，但是对周边居民的宣传疏导工作做得不扎实，对项目所在地人群结构没有调查清楚，对搬到镇中心居住的原村居居民（此次群体性事件聚集的主力军）没有引起高度重视。在没有事先征得项目所在地居民绝大多数人的同意、在没有确保群众不对抗的前提下，贸然进行环评公示，最终导致了群体性事件和网络舆情发酵。

iv. 应急处置能力不足

针对该项目存在的风险点，虽然制定了应急处置预案，但部署不够周到细致，预案主要针对少数反对者和小规模聚集，对出现大规模聚集、引发舆论危机等预估不足、防范化解措施不到位。一方面是对新媒体、自媒体时代负面信息蔓延应急处置不到位。不同于以往传统的张贴公告，此次网络公示信息传播范围更广、传播速度更迅速，当地未能有效预判微信、微博散布消息的规模和速度，聚集事件第二日晚短短 20 分钟便有数百人聚集，主要是通过微信群组织和传播。网信部门对自媒体信息的处理手段跟不上，未及时阻止负面消息传播，造成了群众迅速聚集的被动局面。另一方面是群体性事件应急处置能力不足。环评公示期间出现小范围聚集反对情况后，没有充分预判到后期会出现大规模群体聚集行走，没有在小范围群体性聚集时及时与群众面对面沟通、疏导、回应群众代表的意见，导致后面几天出现数百人大规模群体性聚集、行走，未能在萌芽阶段有效化解群体性事件。

Ⅳ. 体会与启示

i. 提高政治站位，建立高效机制

一是提高政治站位。按照习近平总书记"绿水青山就是金山银山"的生态文明思想，以及处理群体性事件的"四个到位"要求，G 市四套班子领导带头，进一步提高政治站位、强化政治担当、落实政治责任，全力以赴、稳妥有序做好事件善后的各项工作，咬定一个目标，确保事件不出现反弹。二是建立高效的工作机制。统筹本地、外地、网上三个阵地，成立由市领导牵头抓总工作领导小组，切实强化组织领导。建立由 G 市党委政府、项目运营企业及项目所在地镇村干部群众代表组成的社会治理共同体理事会，共同协商推进各项工作，形成党委领导、多方参与的协商治理模式，建设人人有责、人人尽责、人人享有的社会治理共同体。抽调一批精干干部组成多个驻村工作组，充分发挥党员干部引领作用，深入一线进村入户与群众面对面，做好进一步的答疑解惑和宣传疏导，努力提升政府和企业的公信力，创造化解"邻避"冲突的良好政治生态。

ii. 发挥规划引领作用，规范选址论证工作

一是做好统筹规划。该市要从全市层面出发，基于全市当前危险废物产生利用情况，综合考虑人口、资源、土地、环境之间的辩证关系，从结构、空间、资源化利用等多个层面统筹规划布局全市危险废物处理处置设施，并纳入城市总体规划，做到有机分散、科学合理、因废制宜、辐射互补。可根据"邻避"公用设施项目已积累的经验、教训，以及类同项目的环境风险评价和社会稳定风险评价结论，确定涉环保"邻避"项目与常住居民居住场所、农用地、地表水体以及其他敏感对象之间合理的位置关系，提出防护距离控制要求，并采取园林绿化等缓解环境影响的措施。二是做好科学选址。鼓励采取环境园区选址建设模式，

统筹生活垃圾、危险废物、污水污泥等处理处置，形成一体化项目群。影响半径范围内尽可能避开人口密集的村庄、小区、学校、医院等设施，选址还须充分考虑周边人文历史、社情民意、心理接受度、历史矛盾纠葛等"软指标"。项目要由公众信任的第三方权威机构进行比选论证并同步进行社会稳定风险评估，从选址方面减小项目发生"邻避"问题风险。

iii. 加强宣传引导，夯实群众基础

在项目启动前，各相关部门就要统筹制作工程项目的科普公益宣传片，充分利用报刊、广播、电视、新媒体等各种媒体和传播手段滚动播放，用权威的平台和主流媒体开展全方位、多渠道、常态化地宣传教育，增进公众对项目的理解和信任。各地党委、政府要发挥党员干部先锋模范作用，学习推广"枫桥经验"，深入基层一线，运用群众听得懂的语言、信得过的方式，走村入户，以群众利益为导向，以改善民生为基点，通过乡村振兴、惠益共享等方式赢得群众的信任和支持，发挥乡贤等群体的作用，带动乡里"亲邻"主动参与，将服务群众"最后一公里"落实到实处，让群众看到政府帮助解决问题的诚意。

iv. 强化预警预报，提升舆情应对能力

在规划选址公示阶段、环评公参和公示阶段以及项目建设运营阶段等"邻避"风险高发期，相关部门要及时围绕各种舆情信息的倾向性、苗头性、聚集性特点，密切跟踪其发展变化，预测其走向趋势，提出舆情应对方案。一方面要注重对网络空间、新兴媒体、社会力量的运用和管控，针对特定区域和人群，进行靶向发布与互动引导，采取书面回复、座谈会等形式，争取取得理解，将舆情危机控制在萌芽状态；另一方面要统筹网上网下、境内境外，严防对"邻避"项目的妖魔化炒作。最大程度消除不实舆情给社会所带来的负面影响，促进事态向良性发展。

4.1.2.3　失败案例三：H市和I市殡仪馆项目群体性事件

主要教训：群众工作"基础不牢"　社会和谐"地动山摇"
平稳的H市项目缘何被I市"邻避"之火连锁引燃？

H市和I市殡仪馆项目因群体性事件影响一直未建设。近年来，为落实省委、省政府的工作要求，两地依法依规积极推进殡仪馆项目建设。H市殡仪馆项目环境影响评价、社会稳定风险评价公示期间，群众因反对建设殡仪馆项目，爆发了大规模聚集闹事，项目被迫停止。随后在I市出现连锁反应，原本进展顺利的 I 市殡仪馆项目也遭到群众聚集反对，大批群众上街闹事，最终 I 市殡仪馆项目也被迫宣布停止，平稳的 H 市项目缘何被 I 市"邻避"之火连锁引燃？

Ⅰ. 项目总体情况

H 市殡仪馆项目选址位于某林场，因群体性事件影响，选址已先后变更三次，经过大量前期工作，在依法依规完备手续、具备开工条件后进行了项目环评、稳评信息公示。信息公示第二至第三日，项目所在镇出现群众聚集现象，特别是第二日，多地出现群众聚集闹事行为，个别群众情绪激动，破坏村委会治安岗设施，围攻驻村干部，堵塞道路，掀翻警车，向警务人员投掷砖块。经综合研判，第二日晚，H 市人民政府发布项目停建公告。随后两天仍有少数群众聚集。三天以后，H 市社会大局平稳，未再发生人员聚集情况。

I 市殡仪馆项目经过前期大量扎实深入的群众工作，依法依规完备手续后开展了稳评公示公参，此后一直进展顺利。但受 H 市殡仪馆事件的连锁影响，在 H 市人民政府发布项目停建公告后第二至第三日，也出现了群众聚集现象。鉴于社会稳控风险的严峻形势，第四日，I 市人民政府发布项目停建公告。两天以后，I 市社会大局平稳，未再发生人员聚集情况。

Ⅱ. 事件发生过程

1）信息公示阶段：I 市殡仪馆项目稳评公示，公示项目名称为 I 市某社会服务中心项目。公示期间未发生群体性事件。随后，H 市殡仪馆项目环评、稳评公示，公示项目名称为 H 市某人文生态园建设项目（含殡仪馆）。

2）H 市信息公示第二日：H 市某镇数百名当地村民为了阻止该项目建设，与项目驻村工作组干部在村委会门前发生冲突，造成个别干部和村民受轻微伤，数辆公务车受损。

3）H 市信息公示第三日：H 市项目所在镇约上千名村民聚集，个别人员暴力破坏村委会治安岗设施，围攻驻村干部，堵塞道路，毁坏警车，攻击警务人员，造成个别驻队组长和驻村干部以及警员受伤，推翻了数台警车。H 市人民政府发布项目工程停止建设的公告。

4）H 市信息公示第四日：H 市、I 市数百名村民聚集。H 市约数百人出现在某镇政府门口聚集；I 市约数十名某街道某村村民到市政府门口聚集，抗议殡仪馆项目建设。部分群众聚集村委会附近，阻塞村道交通。

5）H 市信息公示第六日：I 市人民政府网发布公告停止 I 市某社会服务中心项目（殡仪馆）工程建设，聚集人员逐渐散去，现场秩序正常。

Ⅲ. 项目推进过程存在的问题

i. 客观问题

1）群众传统土葬观念根深蒂固。

H市、I市等一些地方传统思想和土葬观念根深蒂固，群众对殡葬改革政策不理解、不支持，且对尸体运输火化可能影响风水、污染环境存在顾虑，群众抵触情绪强烈，一经别有用心人员煽动，极易点燃对抗情绪。

2）当地曾有过群体性事件先例。

H市部分镇曾经就因修建殡仪馆场遭到当地群众游行抗议，随后H市宣布殡仪馆停止建设。当地民众已习惯性地用聚集、闹事等集体非法行为抗议殡葬项目，认为聚集、闹事、散步等行为是改变地方政府决定的有效途径。因此，为反对此次殡仪馆项目建设，民众再次爆发了群体性事件。

3）境外媒体借机推波助澜。

H市某镇发生群众聚集事件本来仅仅是人民内部矛盾，通过人民内部沟通协商可以得到很好的解决。但境外媒体及某些势力借由H市群体性事件在网络上恶意抹黑，大肆造谣中伤，借机对事件煽风点火、推波助澜。

ii. 主观问题

1）市委、市政府统筹考虑不周。

两市上级市委、市政府对项目推进的复杂性、困难性预判不充分，对历史上因殡葬项目引发的群体性事件研究分析不够，对同步推进两个殡葬项目建设可能造成的连锁串联风险考虑不足，更多考虑的是抢抓项目建设的窗口期，一鼓作气解决历史遗留问题，未能平衡好推进项目建设与确保敏感节点社会稳定的关系。虽然上级市委、市政府多次对县、镇党委、政府的乐观判断进行了提醒，但对县、镇党委、政府的落实情况和风险评估未做更加深入细致的摸查甄别，对项目选址、宣传疏导、群众工作、风险防控、舆情应对等方面的研判过于信任基层的判断。

2）日常殡葬改革宣传流于形式。

基于群众根深蒂固的传统观念，殡仪馆项目与其他"邻避"项目相比尤为特殊，做好殡葬改革宣传的要求更高，切实转变群众丧葬观念的难度更大。H市、I市等地在项目筹备前期对殡葬改革的宣传工作不到位，未充分利用电视、网络、新媒体、张贴公告、宣传册等方式多措并举地深入各乡、各村、各组、各户进行全方位、深层次的宣传教育活动，未充分利用节假日将殡葬改革政策向在外务工群众进行宣传，未充分吸取过去殡仪馆项目建设受阻的教训，未充分获得到绝大部分群众对殡葬项目的理解和支持的前提下，仓促进行项目环评和稳评公示进而爆发大规模群体性事件，反映了前期的宣传工作没有做到位，群众的思想工作没有真正转变过来。

3）群众工作不扎实、不到位。

H市对推进殡仪馆项目过程中群众工作的困难性和复杂性认识不足，采取的措施缺乏针对性和有效性，未能从根本上转变群众观念，从而未能获得群众对项目建设的理解和支持。一是对本地村民的群众工作没有做深做透，虽然派出了数千名干部进村入户开展工作，但方式方法欠缺科学性、有效性，群众工作不够深入细致，未把群众工作真正做到群众心里，甚至有的群众直到公示后才知道 H市某人文生态园建设项目是殡仪馆项目，传统殡葬观念加上被欺骗感加速了这场群体性事件的爆发。二是忽视了对外出务工人员的群众工作，前期群众工作着重于项目核心区的村民，对项目外围村民以及外出务工人员工作不到位。H市某镇外出人员达数万人，且分布疏散，多以年轻人为主，文化程度不高，法治意识较淡薄，理性思维欠缺，但外围工作中没有对这一群体做有针对性的工作。这次 H市殡仪馆事件主要是外出人员牵头组织并直接参与，引致在家人员思想反弹而造成的。

4）项目所在镇基层党组织未发挥引领作用。

H市殡仪馆项目的最大教训之一，在于基层党组织工作不实，基层党组织战斗堡垒作用未得到充分发挥。基层干部思想不统一，工作脱离群众，责任心不强，关键时刻不敢站出来直面群众，部分村民小组长未与党委、政府保持一条心，对上级部署的群众工作敷衍应付，甚至个别村干部有当"两面人"的现象，上级党委听不到真实声音，掌握不到真实情况，致使决策出现误判。

5）风险研判、应急处置能力不足。

H市、I市未深刻吸取先前历次因推进殡仪馆建设引发群体性事件的教训，风险研判、预警意识不足，缺乏群体性事件、网络舆情的应对能力。一是风险研判严重不到位，对项目所在地乡风民风、人文历史、人员结构等缺乏细致筛查分析；对外地 H市籍人员回流聚集参与滋事的预判严重不足，对极端行为的激烈程度和境外媒体的大肆炒作预估不足；项目选址论证不够严谨充分，未将当地的民风民俗和历史问题考虑进去；上级市委、市政府没有评估到两个殡仪馆项目同时进行可能引发的串联反应，没有优化两个项目的推进时间节点。二是群体性事件和网络舆情应对能力不足，对前期舆情监管和应对措施不够重视，未提前编制并演练群体性事件应急预案，对学生、外出务工人员参与聚集滋事和暴力抗法缺乏有效应对措施，对境外媒体介入恶意抹黑炒作应对不足。基层现有的处置能力难以适应新形势下群体性事件的新情况、新特点。

Ⅳ. 体会与启示

i. 把做实做细群众工作摆在更加重要位置

做实做细群众工作、赢得群众广泛支持是项目成功的首要前提。H 市殡仪馆项目受阻最根本的原因就在于群众工作不扎实、不深入。对涉及各类群体利益的重大项目推进，必须要把群众工作摆在第一，准确判断项目涉及的利益相关群体，善于研究新形势下群众工作的特点和规律，突破传统的群众工作模式，增强群众对党委、政府工作的利益认同、情感认同、理念认同。扩大群众工作半径，注重做好项目周边以及外出务工人员等群体的思想工作，充分征求项目各个相关利益群体的意见，及时回应群众的关切和诉求，在项目公示前切实保证绝大多数群众的支持和理解。H 市、I 市经过此次事件后，党委、政府应积极修复干群关系，继续做好群众的安抚工作，继续实施好原先承诺的民生实事，加快人居环境整治、乡村公路建设等惠民工程，为项目顺利推进打下坚实群众基础。

ii. 充分发挥基层党组织战斗堡垒作用

坚强有力的基层党组织，是顺利推进重大项目建设的重要保障。要确保各个重大项目顺利推进，必须下大力气建强基层党组织，着力提升基层综合治理水平。整顿软弱涣散基层党组织，配足配强基层党组织班子，结合"不忘初心、牢记使命"主题教育，围绕基层党建三年行动计划，大力推进"头雁"工程、党员先锋工程、达标创优工程、基层基础保障工程，打造一支作风硬、敢担当与党委、政府同心同向的基层干部队伍，关键时刻敢担当、善作为，在化解基层矛盾、做好群众工作、推进项目建设中发挥战斗堡垒作用，确保上级决策部署得到不折不扣的落实。

iii. 切实提升风险研判处置化解能力

在重大项目建设风险评估中，不能存在盲目乐观的心态，要把项目涉及的潜在风险全部考虑在内，对项目所在地及周边的整体社会治安情况、群众居住情况、宗族情况、乡贤和外出人员以及其他可能影响项目建设的因素进行充分研判分析，制定相应工作预案，切实做到分析准、研判深、风险防控到位。要及时搜集、辨别、分析各种情报信息，对可能引发群体性事件的苗头做到早发现、早介入、早控制。对项目推进中引发的网络舆情，牢牢把握舆论引导的主动权，特别要对境外媒体、不良势力等恶意抹黑炒作有充分的研判和应对措施，防止谣言传播蔓延和事态激化。

iv. 建立高效协同的项目推进机制

重大项目公众沟通牵涉面广、推进难度大，单以项目所在地党委、政府牵头推进，对项目可能引发的突发情况综合应对能力有限。特别是在项目建设引发群众聚集反对、媒体炒作发酵等突发事件时，要快速平息事态需要更高层面、更宽范围的协同支持，必须统筹市县镇村各级，形成更大范围的联动态势和合力，形成职责清晰、上下联动、各方协作的工作机制。

v. 在移风易俗、打破思想藩篱上下足工夫

这次群众反对 H 市、I 市殡仪馆项目建设，深层次原因是受传统土葬观念的影响。要顺利推进项目建设，特别是"邻避"项目建设，必须要打破群众思想认知误区，切实把移风易俗、科普宣传等工作摆上重要位置。充分利用电视、网络、新媒体、张贴公告、宣传册、微信公众号等方式多措并举地深入各乡、各村、各组、各户以及外出务工人员进行全方位、深层次的殡葬改革宣传教育活动。积极将殡葬改革宣传走进校园，让全体学生带头破陋习、讲文明、树新风，通过"小手拉大手"，让学生将殡葬改革的文明理念传递给家长，让文明殡葬新风尚家喻户晓，积极营造浓厚氛围，为殡葬改革工作打下坚实的基础，逐渐让群众真正从内心支持项目建设。

4.2 广东省环境信访矛盾典型案例研究

4.2.1 涉"楼企相邻"环境信访矛盾典型案例

4.2.1.1 J市某企业与周边居民环境信访矛盾

核心经验：创新"环境标准"破解"达标扰民"信访难题

Ⅰ. 基本情况

J 市某企业主要由精密制造有限公司和锂电池有限公司构成，其中精密制造有限公司于 2006 年 1 月建成投产，2011 年 6 月经过环保审批对锂电池有限公司进行扩建，新增新能源材料项目。该工业园西南方的 Q 小区于 2008 年开工建设，2011 年初开始陆续有业主搬入居住，逐渐增至 500 户。精密制造有限公司喷涂车间距离 Q 小区约 800 米，新能源材料项目与小区距离约 150 米。

Ⅱ. 信访情况

除目前已经存在的废气影响外，Q 小区业主更为担心的是扩建项目将来可能带来的影响。2016 年厂群关系最为紧张，月均投诉量达 64 宗，也是 J 市收到中央环保督察组转办次数最多的案件。群众的主要诉求包括：一是该企业马上停产进行废气治理。二是锂电池项目停建搬迁。此后，经过相关部门多策并举、有力整改，该片区废气扰民问题终于得到有效化解，投诉量下降到 2018 年月均 4 宗，2019 年 1~2 月份零投诉，厂群矛盾基本消除，废气扰民问题已妥善解决。

Ⅲ. 处理经过

一是高位部署决策。J 市生态环境部门对该公司废气污染问题高度重视，主要领导到该公司进行调研，约见企业负责人，督促企业尽快拿出新方案，妥善解决废气扰民问题，企业也做出了追加投资彻底整改的承诺。主要整改措施包括：一是在生产车间楼顶新建约 500 万元的临时设施。同时委托环保公司再投资 4000 万元完善所有的废气治理设施。案件处理期间，J 市环境监察支队派员驻点企业，安排执法人员每天对该企业废气治理设施运行情况进行检查，发现该企业存在喷涂废水循环收集池密封不严、有机废气外泄情况，责令立即整改，并在整改期间限产 40%。

二是召开居民信访协调会。J 市环境监察支队联合企业所在区街道办、区环保部门负责人召集企业、信访小区业主代表在社区工作站召开信访协调会，向小区居民代表通报了环保监管情况，并听取居民代表意见，同时会议确定整改期间每周四晚上在小区举办该公司废气整治进展情况通报会。为畅通信息沟通渠道，建立了业主—街道办—小区管理处—执法人员—企业环保负责人联络机制，执法人员定期对部分业主进行回访，及时掌握废气影响动态和业主诉求。企业亦承诺随时接受业主对废气产生车间、处理设施的参观、监督。

三是及时通报监测结果及开展后评估。J 市环境监测中心多次对信访小区空气质量、企业排放口进行 24 小时连续监测，监测结果在每周四晚的通报会上通报。同时委托专家对该企业现有废气处理设施进行后评估，执法人员将根据专家评估意见采取相应检查手段继续强化监管，督促其加快设施整改和真正落实限产决定，减少废气排放和稳定达标排放。

四是加大执法力度从严查处。J 市环境监察支队继续加大对该企业废气治理设施运行情况的检查和现场核查产能，对监测中发现的废气超标排放行为已按程序提交了处罚建议书和限期整改的决定。

企业积极配合开展整改工作，完成 49 套临时设施的安装调试，具备使用条件，计划增加的永久性设施已开始施工，相关喷涂生产线已按要求停。

经过一系列措施和多方努力，该工业园废气扰民案已按期完成全部综合整治任务，并持续取得良好整治效果，一系列整改措施完成以来，排放的苯、甲苯、二甲苯、三甲苯、苯系物、总 VOCs 的污染物，削减率达到 71%~93%，大幅降低了对外排放挥发性有机污染物总量，各污染因子均能够稳定达到新制定的排放标准要求。周边居住区空气环境质量持续得到改善，群众获得感、幸福感得以提升，居民也对该公司的整改效果给予肯定。

Ⅳ. 难点分析

"真达标，真扰民"，难以根本化解。因 Q 小区与该工业园间距离太近，最近距离仅 400 米，工业园生产过程产生的气味对周边居民仍有一定影响，企业达标排放与居民"闻不到味道"之间存在差距，属于典型的"达标扰民"环境信访矛盾纠纷案件。因监测数据达标，执法部门失去执法依据，造成"群众闻到味道—检测达标—无从处罚—信访矛盾无法化解—政府公信力下降"的恶性循环。

Ⅴ. 体会启示

该企业"达标扰民"矛盾纠纷的有效解决的经验在于始终坚持以人为本，以群众的直观感受为标准，加大环保投入，通过技术革新积极推进废气治理，终获民众理解、认可和支持。综观其治理经验，以下几方面具有借鉴意义：

核心在于转变思路，积极寻求利益均衡点。过去的理念认为，生态环境主管部门对排污企业只是监管和执法，企业达标排放就满足监管执法要求。然而，排放存在异味导致居民常年受扰，传统理念已无法满足城市发展新形势下的市民环境诉求。主管部门从环境监管执法者向城市环境管理者转变成为必然。面对这种"达标扰民"，作为城市环境管理者的主管部门就要以保障群众身体健康为底线，以解决问题为导向，以污染源现状为基础，在群众诉求和企业能力之间找到利益平衡点。这个利益平衡点既要满足居民感官上的环境诉求，又要具有可达性，企业经过努力可以实现。

根本在于升级领跑，实现多方共赢。由现行的"软措施"变成"硬标准"是长效治理和实现多方共赢的根本出路。该企业的治理经验，除去投入近 4000 万元升级改造污染防治设施，强化对气味的削减处理外；更重要的是，积极借鉴国内外先进标准率先制订了严于国家标准的该行业废气排放限值标准，创新性地在工业企业废气治理方面树立了最严的"地方标准"。该企业先行按照新标准开展先行参照新标准开展提标改造，全力实现"达标不扰民"。该案件处理过程中，不但让多方达成的最严标准成了企业新的排放标准，也成为了以后监管的

"硬标准"。既让企业由行业的"并行者"变成"领跑者",又让环境监管有了新的强硬法律依据,有效地打消了居民对治理的长期效果的疑虑。

关键在于公开透明,增进互信理解。问题化解过程的参与、透明、沟通等程序正义,是多方互信理解的基础,也极大影响对治理效果的认同。该企业的治理经验表明,除了日常的环境监管监测信息公开外,还每周定期公开整改进展,建立政府、企业和居民三方实时沟通的微信群,整改效果还实地邀请居民体验,连同已有的环境信访系统,实时接收和处理居民诉求,并将处理结果及时向投诉人反馈。全过程透明、公开极大地增进了居民互信理解和对整治效果的认同。

路径在于专业治理,专项推进化解。确定好合理目标,执行层面就要体现"专"字。"专"是效率和质量的核心保障。监管层面,要在人员配置、监管执法和督促落实方面实现专人、专班、专项推进治理,如案件办理期间,由市环保部门负责领导对案件实施包案办理,成立包案专案组及时组织和实施案件的办理,采取了"专门承诺、专项方案、专班领导、专门人员、专业手段、定期专报"等专项措施加强对污染源的整治,形成"专案专办"的处理模式。在企业层面,整改提升全过程要实现专门承诺、专家治理,如该公司在 J 市主流媒体上公开做出整改承诺,政府部门同步公开环境监管措施,公开接收居民和社会的监督。在居民方面,要有专人代表进行沟通联系,如建立信访联系专线投诉电话及微信沟通群,连同已有的环境信访系统,实时接收和处理居民诉求,并将处理结果及时向投诉人反馈。

4.2.1.2 K 市某工业园区与周边小区环境信访矛盾

主要教训:工业园区"污染物叠加累积效应"引发"污染扰民"信访案件处理难题

Ⅰ. 基本概况

K 市某工业园区于 20 世纪 90 年代规划建设,其北片有 40 余家企业,多数企业已经建厂 10～20 年之久,主要为塑胶制品、电子电路、香精香料、药品制造等行业,其中 20 多家企业有废气排放。该工业区北部有 3 个楼盘,规划居住 1.25 万户、4 万余人。其中,R 小区规划居住约 7000 户,规划居住人数约 2 万余人,已全部收楼入住。

Ⅱ. 信访情况

由于上述楼盘距离工业园区较近,区内企业排放废气对居民生活造成一定影响。2014 年以来，随着 R 小区部分业主入住，行业主管部门陆续收到有关废气污染扰民的投诉，据统计，截至 2018 年，投诉举报达上万宗，公众主要诉求为要求政府落实相关污染企业的整改搬迁计划。经溯源，已确定废气中香料味、塑料味以及粪便味的 3 家涉事企业。上述 3 家企业均已办理环保审批手续，并建有相应的废气治理设施，项目用地性质均为一类工业用地。

Ⅲ. 处理经过

一是依法查处环境违法行为。2015～2017 年，相关行业主管部门按照新《环境保护法》对涉事企业环境违法行为实施限制生产、停产整治和行政处罚等措施，对在限产期间仍超标的 3 家企业依法实施停产整治。

二是督促企业加大环保投入实施升级改造。在生态环境部门督促指导下，周边企业累计投入上亿元用于环保废气治理设施升级改造，同时协调 1 家企业停用生物质锅炉，改用天然气清洁燃料。

三是加大 R 小区周边企业监测力度。相关行业主管部门共出具污染源及环境质量监测报告上百份，均在行业主管部门官方网站公示，对 R 小区周边企业多次监测，结果均达标。

四是加强与 R 小区居民沟通协调。市、区环保执法人员多次夜间入户走访，了解居民诉求及空气状况，联合居民共同排查确认污染源，多次组织召开座谈会，通报相关行业主管部门对企业的监管情况和企业治理情况，得到了大部分小区居民的理解和支持。在相关行业主管部门官方网站设立"R 小区周边环保问题整治专栏"，及时公布企业污染物排放、日常监察监测、处罚及整改治理情况。

五是借助科技手段开展实时监控废气排放。相关行业主管部门在 R 小区周边学校建设"园区大气监控预警系统"，在周边 10 家重点废气排放企业安装子站，实时监控 R 小区及周边环境空气质量状况，对重点污染企业环境风险实施预警，多次环境监测结果均显示符合国家环境空气质量标准要求。

六是对工业区调规升级推动企业减产及搬迁。区政府组织编制印发了该工业园区提升规划，推动该工业园区升级改造，依法分类处理废气排放企业。对于经废气深度治理达标排放但仍对小区造成影响的企业，督促其落实承诺的转型升级计划，目前相关企业均在按计划要求推进整改。

Ⅳ. 难点分析

一是责任理清难，规划不合理是造成废气污染扰民的根源。R 小区靠近工业园区东区，其所在区域用地功能原为工业用地，后调整为居住用地。因规划调整未充分考虑居住区与工业区的相互影响，也未在两者之间留出适当的过渡地带，由此埋下了废气污染扰民的祸根。此外，虽经生态环境部门排查确定了各类废气来源，但经昼、夜多次突击监测，相关企业均达标排放；同时因园区内企业较多，不利气象条件下污染物叠加累积仍会对周边环境及公众造成一定影响。

二是根本化解难，排放标准与人体感官差异导致扰民。目前，国家有关工业企业边界臭气浓度排放标准为20（无量纲），与业主个体感官感受之间存在差距。R小区周边众多工业企业经过整治甚至深度治理后，虽然达标排放，但周边公众仍有一定的臭气感官感受。

三是群众满意难，小部分居民"以访促搬"的心理导致投诉多发。虽然R小区大气环境质量有较大改善，但一部分小区居民在"以访促搬"的心理下，持续向各级政府部门举报投诉；在小区居民基数大、投诉渠道广泛便捷等条件下，目前投诉仍然不少，部分时段甚至可能大幅增加。

Ⅴ. 体会与启示

R小区与该工业园矛盾纠纷是一起典型的区域层面污染物叠加累积导致的"达标扰民"的案件，同时也是一起因规划用地调整、政策刚性不足、既定规划给房地产让步导致的环境矛盾纠纷范例。从该矛盾纠纷，可得出以下经验教训。

一是增强风险意识，强化规划的前瞻性、合理性和严肃性。R小区边所在区域用地功能原规划为工业用地，后调整为居住用地，出现典型"楼盘包围厂区"的"城中厂"现象。规划的变更是导致工业园区"废气扰民"的根源。此外，工业集聚区等周边房地产项目审批时防护距离核算未充分考虑污染物叠加影响，导致后续出现区域性"达标扰民"问题。

二是加大宣传力度，减少群众与楼盘开发商间的信息差。群众因未能充分接触楼盘周边环境风险信息，或因开发商刻意夸小工业园区对小区的环境影响，造成居民入住后心理落差加大，群众感到"被蒙骗"，导致"企业污染、群众受害、开发商受益、政府买单"的困境。后续工业集聚区周边楼盘销售阶段应强制公示周边环境状况，并在销售合同或协议中增加相关条款，与购买方签订相关协议，确保群众环境知情权。

三是加快工业园区结构升级，形成"一案一策"的矛盾化解机制。为彻底解决R小区居民投诉废气扰民问题，区政府部门一是要组织开展该工业园区提升改造行动，二是要督促部分企业按承诺分步推进转移搬迁计划。

4.2.2 涉"邻避"环境信访矛盾典型案例

4.2.2.1 L市某资源综合利用中心项目环境信访矛盾

核心经验：提升设计标准 引入法定途径

Ⅰ. 基本情况

近年来，随着 L 市经济发展和人口增长，固体废物和生活垃圾量逐年增加。为着力解决固废处置能力缺口，L 市以加快环保基础设施建设为首要任务和主要着力方向，拟建某资源综合利用中心项目。该项目是补齐 L 市环保能力短板、提升生活垃圾和危险废物无害化处理处置能力的重要一环，对打好污染防治攻坚战、推动环境质量持续改善具有重要意义。该项目推进过程中虽出现群体性事件，但 L 市制定了一系列切实有效措施化解信访矛盾，顺利推动了项目建设，维护了社会面和谐稳定。该资源利用中心项目包括 1 个生活垃圾焚烧设施和 1 个危险废物处理设施，已投产运营，2 个项目污染控制均按严于国标设计，使用最先进工艺和设备以确保项目运营对区域环境影响降到最低。

Ⅱ. 信访情况

该项目信访人绝大部分来自项目所在镇新中心区居住片区，该居住片区位于项目西北方向，距离项目约 1100 米，规划建设有 5 个房地产项目，规划总住户数逾万户，目前已入住约 3000 户。居民主要通过国务院、国家信访局、生态环境部、省信访局、省生态环境厅等多个渠道反映投诉，内容多为担忧项目建成后附近区域环境质量恶化，质疑选址不合理和环评弄虚作假以及周边异味扰民等，并反对项目建设。相关主管部门已收到约 900 宗信访投诉，尤其是环评信息公示阶段，项目附近小区的住户存在抱团式反对的现象，甚至出现到政府拉横幅抗议的小范围群体性事件，后经化解事件没有进一步扩散激化。

经上述事件，业主们继续发动签万人书反对项目建设，并集资印刷传单、聘请大学生派传单、聘请律师维权等。两个项目分别通过环评审批许可，随后周边小区业主陆续提起行政复议、行政诉讼，请求撤销资源综合利用中心项目的环评审批许可，但均被法院裁定驳回起诉。部分小区业主对法院判决不服，继续向上一级法院提起上诉，目前在审理中。案件引入司法途径后，关于反对项目建设的信访投诉大幅减少。

Ⅲ. 处理经过

ⅰ. 项目公示许可期

一是主要领导高位推动，坚持法治思维底线。L市委、市政府切实提高政治站位，第一时间成立专项工作领导小组，强化对该项目处置工作的统筹、指挥和协调，并牵头制定全市总体工作方案和各环节应急预案，要求各相关职能部门和属地镇街党委、政府各司其职，坚持法治思维底线，依法依规推进信息公开、群众参与、科普宣传、舆情应对、风险防控等工作。

二是迅速开展群众工作，持续宣传沟通对话。针对群众在项目公示许可期提出的信访诉求，L市组织有关部门、镇政府、项目建设单位，立即采取应对措施：召开见面会，与群众进行面对面的交流和答疑；安排应急监测车对污染指标进行监测，联网公示区域大气环境数据；设立科普宣传栏、播放环保宣传视频、摆放宣传资料等，增加业主对环保项目的认识。以上一系列切实有效应对措施，大大安抚群众情绪，缓和了矛盾势头。

三是科学开展环评审批，确保项目合法推进。在项目建设单位开展环评工作的阶段，生态环境部门提前介入项目环评，安排专家函审，加强业务指导，并组织项目听证会，开展公众参与，保障公众知情权和话语权，同时严格落实环评审批，确保信息公开透明，深入研究群众意见，采纳群众有效合理建议。

四是强化环境监管执法，紧抓重点企业提升整治。生态环境部门以群众对该项目周边环境的忧虑为问题导向，强化区域环境治理工作。针对项目周边区域异味扰民问题，会同镇人民政府，对重点区域、重点企业开展了持续提升整治，加强对现有排污单位日常监管，开展区域专项执法检查行动。经过实施系列行动后，项目所在镇空气质量明显改善，达到环境空气质量标准中的"一级标准"，"臭气扰民"投诉大幅减少。

ⅱ. 项目许可结束期

一是引导群众理性维权，导入法定途径解决。镇政府组织当地党员干部开展落户走访工作，向小区业主派发信访条例、集会游行示威法等宣传单张，引导业主依法维权。针对部分业主恶意违法行为进行批评教育，提倡通过沟通对话反映问题，引导通过行政复议、行政诉讼等法定途径表达诉求和维权救济。

二是统筹大气污染治理，改善区域环境质量。L市大气办结合《L市蓝天保卫战行动方案》及周边区域大气污染特征印发实施《某片区空气质量提升行动方案》和《某片区主要大气污染物减排实施方案》，责成各个镇制订详细的实施计划，围绕落实蓝天保卫战措施，实施包括自备电厂"煤改气"、锅炉淘汰改造、异味气体企业提升整治、扬尘污染治理等系列工作。

三是全面加强执法监管，深入开展环境整治。部署重点区域综合执法行动，对群众关注度较高、反映诉求较为强烈的三大重点区域开展为期两个多月的环境综合执法专项联合行动，对涉嫌直排偷排等问题企业进行立案整改。同时淘汰整治"散乱污"企业，对其进行关停取缔和提升改造。

Ⅳ. 难点分析

新旧问题叠加，矛盾升级演化。一是邻市邻区群众持续反映该资源利用中心项目所在区域长期存在煤炭、粮油气味及扬尘污染，影响了该区群众生活，担心项目实施可能加剧空气污染问题，要求 L 市在推动相关项目建设的同时解决跨区域污染问题。二是该项目环评公示期间部分利害关系人认为项目不符合相关规划，环评文件存在遗漏重要敏感目标、错评漏评重要特征因子等问题，存在重大安全隐患与健康风险，反对项目建设，并对 L 市生态环境局提起行政诉讼。

Ⅴ. 体会启示

L 市某资源综合利用中心项目环境信访矛盾纠纷虽曾引发小型群体性事件，但及时采取行之有效措施，群体性事件得到控制，顺利推动了项目的建设，经验教训总结如下。

一是提高项目建设标准，从源头上防止污染物产生。其中，危险废物处理项目的烟气处理工艺均优于目前国内已投入运行的相关处理工艺，污染排放设计指标值均严于《危险废物焚烧污染控制标准》（GB 18484—2001）；垃圾焚烧发电项目的烟气净化系统拟采用国内最先进、最完善处理工艺，烟气排放指标远优于《生活垃圾焚烧污染控制标准》（GB 18485—2014）及优于欧盟 2010 标准。先进的技术和严格的排放指标从源头上减少臭气产生，是信访矛盾"治本"的核心。

二是做实做细群众工作，从程序上确保依法公开透明。群体性事件发生后，L 市组织有关部门迅速开展了一系列群众工作，加强与群众的沟通，对群众的诉求疑问及时回应解答，加大科普知识的宣传解释。同时确保环评审批过程和监测数据等群众关心关切的内容透明公开，确保群众参与研究，充分征求群众意见，落实"阳光信访、文明信访、法治信访"，争取群众互信理解。

三是提升群众法治思维，从救济途径上引导群众合理合法维权。行政调解、人民调解、司法调解等调解手段适应范围不同，各有利弊，应将信访事项依法导入法定途径分类解决，防止"倒流"；对于信访途径难以解决的矛盾纠纷，应引导群众通过行政复议、行政诉讼等途径表达合理诉求，避免激烈维权现象。

四是深入强化环境治理，从执法监管上改善人居环境质量。L市在平息群体性事件后，深刻吸取经验教训，摒弃麻痹大意心理，强化日常监管，深化区域环境治理，切实提升区域大气环境质量。政府"做实事"，让群众"见实效"，才能满足人民群众日益增长的美好生活需要，维护社会面和谐稳定。

4.2.2.2 M市某环境园"跨界"环境信访矛盾

主要教训：规划"前瞻性不足"苗头性问题"重视度不够"
环保项目为何发生跨界"邻避"群体性事件？

Ⅰ. 基本情况

随着现代化城镇化发展，生活垃圾、污水厂污泥、建筑废弃物、危险废物和医疗废物产生量迅速增加，环保设施建设面临严峻的"邻避"风险，涉"邻避"信访矛盾纠纷与日俱增。为补齐固体废弃物处理处置缺口，M市决定规划建立某环境园。该环境园所在位置为M市与邻市交界地带，在项目建设前期发生"跨界"维稳事件，导致园内大多数项目停产停建或升级改造，其中某污泥焚烧项目提标改造准备重启后再次引发市民投诉，至今尚未进泥调试，当前仅有1个水质净化厂项目在运营。当前该环境园与邻市S小区居民关系呈持续紧张状态，环境园有任何"风吹草动"，群众的反对投诉"随之而来"。

Ⅱ. 信访情况

该环境园与邻市S小区曾发生过群体性事件，随后环境信访投诉不断，当前垃圾焚烧项目再次启动仍然引发群众集中投诉。总结起来，该环境信访案件呈现以下特征：一是投诉主体由过去的邻市某小区业主逐渐向周边村民扩展，号召力更强，参与面更广，涉及群体更复杂，利益诉求更多元；二是投诉主体出现一部分老年人，参与到省进京访甚至现场群体性反抗事件，加大现场应急处置的难度；三是投诉部门多元化，群众诉求反映面逐渐扩大，投诉部门逐渐增多；四是投诉主体组织化、专业化，利用专业法律知识，多次牵头进行有组织的信访活动；五是投诉目的明确化，部分投诉者诉求比较极端，不接受环境园的任何整改措施，要求环境园搬迁停产。

Ⅲ. 难点分析

跨界"邻避"问题协调难。该案件环境信访主体为邻市S小区居民，沟通协调需要跨市进行，不能第一时间有效抑制住不稳定因素；同时环境园区周边村企合作项目多，利益关系复杂，涉及多类群体，具备较强的组织策划能力，稳控难度大，随着环境园区本地周边楼盘入住率的提高，周边人口数量和结构发生巨大变化，维稳协调难度将进一步增大。

Ⅳ. 体会与启示

M 市某环境园的"跨界"环境信访矛盾根本在于规划问题，加之"邻避"问题易发因素叠加，在群众不断投诉情况下未能有效控制化解，最终演变成恶性维稳事件。综观其演化历程，经验教训总结如下。

一是发挥规划引领作用，推进可持续发展。各职能部门应强化规划前瞻性、刚性和合理性，充分预见因城市发展而与日俱增的生活垃圾、污水厂污泥、建筑废弃物、危险废物和医疗废物产量，充分考虑国民经济发展规划和土地利用规划，预留足够的土地以便将来规划建设市政处理设施，收集与储备合理的技术路线和相应的技术，把握规划建设市政设施的黄金时期。同时严格控制新建住宅、学校等敏感项目，科学设置卫生防护距离，减少矛盾隐患。

二是强化预警预报能力，重视风险隐患苗头。"邻避"风险矛盾纠纷初期常常出现越级访、重复访等非正常访，且到访部门范围逐步扩大，组织纪律性逐渐增强。在项目规划选址公示阶段、环评公参和公示阶段及项目建设运营阶段是涉"邻避"信访矛盾高发期，公安、网信和环保等部门应强化利用信访预警体系，及早筛查发现苗头性倾向性问题，摒弃"麻痹大意"心理，密切关注舆情动态，并向相关部门发送预警函，将群体性事件化解在萌芽阶段。

三是提升危机应对能力，建立协同项目推进机制。该项目信访矛盾爆发期，信访群众不断到新区政府和市政府聚集，维权行为激烈，对抗性强，呈高度组织化、专业化。面对群体性事件，相关部门应提前编制演练群体性事件应急预案，加强针对学生、外出务工人员、老年人等敏感对象的释疑解惑及宣传教育能力。当群体性事件发生时，项目所在地党委、政府应统筹市县镇村各级，形成更大范围的联动态势和合力，建立职责清晰、上下联动、各方协作的工作机制，以快速平息事态，维持社会面稳定。

四是探索"惠益共享"机制，保障群众合法权益。该案件是典型跨界涉"邻避"信访案件，需要两地进一步加强工作对接，探讨双方惠益共享方案。在涉"邻避"信访矛盾化解方面，需"以人为本"，从维护群众环境合法权益、保障群众身体健康出发，不断提高项目建设标准，加大民生领域投入，同步推进乡村振兴，变"邻避"为"邻利"，争取民众支持，实现经济效益和环保效益有机结合。

第 5 章 广东省环境社会风险治理体系建设实践

5.1 广东省"邻避"问题治理体系建设实践

5.1.1 广东省"邻避"问题治理体系框架

当前，广东省已逐步构建了"邻避"风险防范化解体系框架，体制机制建设基本完善，工作格局初步形成，有力推动了一批关系国家重大工业战略的石化项目和粤港澳大湾区重大基础设施项目的顺利建设，维护了生态环境安全和社会大局稳定。

5.1.1.1 建立了一个长效工作机制

建立了省级领导机制，以及由相关省直部门组成的广东省涉环保项目"邻避"问题防范与化解工作部门间联席会议制度，明确了工作规则、职责分工和工作要求，每年定期召开涉环保项目"邻避"问题防范与化解工作联络员会议、部门间联席会议和电视电话会议研究防范化解涉环保项目"邻避"问题。

5.1.1.2 制定了一套综合对策体系

近年来，广东省制定了一套防范化解涉环保项目"邻避"问题的综合对策体系，印发了省级"邻避"问题防范与化解指导意见，指导各地党委和政府以及各相关部门依法依规地预防和化解"邻避"问题；出台了《广东省人民代表大会常务委员会关于居民生活垃圾集中处理设施选址工作的决定》（广东省第十二届人民代表大会常务委员会公告第 69 号），有力推动居民生活垃圾集中处理设施依法依规建设；印发了省级垃圾焚烧发电项目环境社会风险防范化解工作指南以及涉环保重大建设项目社会稳定风险评估工作的要求，有力推动了重大建设项

目 "邻避" 问题社会稳定风险评估工作；印发了《广东省城乡生活垃圾处理"十三五"规划》，择优选取出 14 家生活垃圾焚烧处理企业进入推荐名录，提高项目建设和运营水平；印发了省级防范化解"邻避"问题工作指引，为全省构建了务实有效的"邻避"风险防范化解体系。

5.1.1.3 编制了一套实施方案

2017 年以来，广东省涉环保项目"邻避"问题防范与化解工作部门间联席会议牵头单位每年印发《涉生态环境领域"邻避"问题专项治理工作实施方案》，将生活垃圾、重大石化（含 PX 项目）、涉核涉固体废弃物、交通基础设施（含公路、高铁、机场、城际轨道）、污染地块再开发、殡葬等 6 个重点领域分别由相关具体省直部门牵头推进，按照广东省"1+6"试点方案编制工作部署，6 个重点领域牵头部门也分别制定了实施方案并印发组织实施。

5.1.1.4 开发了一个信息化管理平台

广东省开发了省"邻避"项目信息化管理平台并上线运行，依托该"邻避"管理平台，全省"邻避"项目实现台账信息化管理，增强了信息报送、分析研判和预测预警能力，及时向有关地市和部门发送重大项目公示公参和动工敏感时间节点的预警信息，有力保障重大项目的平稳推动。

5.1.1.5 梳理了一批可推广可复制的经验做法

基于对近年来全省大量涉环保"邻避"项目实施过程中成功经验或失败教训的总结梳理，广东省提炼汇编了一批涉环保项目"邻避"问题防范化解工作的正反面典型案例集，部分案例已由生态环境部向全国各省份推广学习。

5.1.1.6 开展了一系列年度常态化督导

通过省联席会议印发了《涉环保"邻避"问题建设项目督导分工方案》《关于对部分地市防范化解"邻避"风险开展指导服务的函》等系列工作方案，联合各相关省直主管部门每年对重点地市重大敏感项目定期开展全过程指导协调服务，督导项目属地政府对重点建设项目建立"一项目一对策一专班"，做到"每日一研判、每周一调度"，及时提醒各地审慎选择公示、公参及动工时间，有效防止群体性事件发生。

5.1.2　广东省"邻避"问题治理实践

广东省在涉环保项目"邻避"问题防范与化解工作实践中，吸取以往"邻避"应对的失败教训，将当前地方政府在"邻避"治理中分散化、个案式的创新性探索予以体系化，探索出一整套相互配合的贯穿于项目规划选址、决策论证、设计审批、施工建设、运行管理的全过程的风险防控做法。广东省出台了省级防范化解"邻避"问题的工作指引，部分地市也针对本地特色制定了防范化解涉环保项目"邻避"问题全过程工作指引，有效促进了涉环保"邻避"项目的环境友好共建，切实保障了社会协调发展、改善了生态环境质量、提高了人民群众福祉。

5.1.2.1　项目规划选址阶段

(1) 科学编制规划

各地自然资源部门在编制城市总体规划时要针对全市生活垃圾处理、污水污泥处理处置、危险废物处理处置、医疗废物处理处置、涉核、交通设施、殡葬、PX 项目等涉环保"邻避"项目编制"专章"，对具有重大战略意义、影响半径大的"邻避"公用设施及早开展全面的选址论证工作，并且严格按照《规划法》或《城市黄线管理办法》确定用地范围，在后续开发活动中不擅自改变既定选址的用地性质，同时控制周边用地的开发强度。城市总体规划中可根据"邻避"公用设施项目已积累的经验、教训，以及类同项目的环境风险评价和社会稳定风险评价结论，确定涉环保"邻避"项目与常住居民居住场所、农用地、地表水体以及其他敏感对象之间合理的位置关系，提出防护距离控制要求，在防护距离内不得规划住宅、学校、医院、行政办公和科研等敏感点项目，并采取园林绿化等缓解环境影响的措施。

规划编制部门应依法进行信息公开和公众参与工作，及时向社会公开项目规划、选址相关信息，鼓励公民、法人和其他组织积极参与。在专项规划编制过程中，要坚持开放透明，广泛征求社会各方面意见。专项规划编制完成后，依据法律法规和有关规定，及时向社会公开，接受社会监督。专项规划中确定的"邻避"项目用地，要纳入控制性详细规划和城市黄线保护范围，并依法向社会公布，严禁擅自占用设施用地或者随意更改规划。

（2）提前谋划选址

项目选址要从偏重"专业技术指标"向侧重"系统风险评估"转变，选址不仅要考虑技术性、专业性的"硬条件"，也要重视选址地经济社会发展状况、社情民意特点等"软指标"。选址阶段就要尽可能把各方面潜在的影响都考虑到，在决策时综合评估，起步阶段就做好"邻避"效应的预防准备。选址选得合宜可实现"邻避"设施共建共享。例如，汕头市在推进潮阳区生活垃圾焚烧项目时，通过从全区各镇提供的备选场址进行"海选"，并请第三方南京环境科学院进行论证，最终选址于和平镇原"潮阳区麻疯病院"院址，最大程度使群众接受项目建设，科学合理地实现环保基础设施共建共享，实现了从"邻避"效应向"邻利"效应的转变。

Ⅰ. 选址机构

各地"邻避"项目规划编制部门和行业主管部门组成选址委员会，会同设施所在区（县）政府、街道政府、公众代表以及环评专家做好选址工作。

Ⅱ. 选址原则

项目选址要坚持规划先行、科学选址、集中建设、长期补偿、各方受益的原则。

Ⅲ. 选址要求

涉环保"邻避"项目选址应符合与"三区三线"配套的综合空间管控措施要求，禁止在生态保护红线区域内选址，并严格按照相关设施工程项目建设标准要求，设定防护距离，明确四至边界。鼓励采取环境园区选址建设模式，统筹生活垃圾、餐厨垃圾、医疗废物、污水污泥、危险废物等处理处置，形成一体化项目群；鼓励利用现有涉"邻避"环保设施用地改建或扩建"邻避"设施，避免重复选址和分散选址；探索跨市区"邻避"设施共建共享模式。

选址要立足于与邻为善，以邻为友，共谋发展，从项目选址的前期工作便要注重科学决策和群众参与，了解项目所在地群众的生产情况、收入情况、就业情况以及当地的民情风俗等，按照有关规定开展环境影响评估和社会稳定风险评估，通过将广泛听取的群众意见和专家科学论证有机结合起来，确保了项目选址的科学合理和群众的支持认同相统一。

Ⅳ. 选址方式

目前，涉环保"邻避"项目主要以多方案选址为主。由设施所在区（县）政府提供符合标准的备选场址，若没有备选场址，必须进行选址唯一性论证。选址委员会选择专业机构对备选场址的适应性进行比选论证。若选址距离相邻行政区边界在 1 千米以内，需事先征求相邻行政区政府的意见，若未能与相邻区域政府达成一致，需向上一级政府提出申请进行调解。在比选论证过程中，要引入公众参与，畅通民意表达渠道，切实提升公众对项目的接受度。

选址委员会要对备选场址进行环境保护和卫生防护评估，对卫生防护距离内的居民，项目建设单位要购买其土地，购买后的土地，应配套建设惠民公益设施或绿化带。对可能受设施建设运行影响的居民，选址委员会要针对不同的候选地址对周边社区、居民因地制宜设计惠益共享方案和备选方案，供民众选择。回馈对象是周边一定范围内受到项目负影响的人，一般是项目所在街道的原住户、户籍居民。惠益共享方案包括直接回馈和间接回馈。直接回馈包括资金划拨、收益返还、经济补助等模式。间接回馈包括政策补偿模式、就业补偿模式、入股补偿模式、社会保障补偿模式以及兴建公共设施等惠民公共服务模式。

此外，选址委员会要对备选场址开展社会稳定风险评估。社会稳定风险评估确定属于高风险的选址方案，应当重新调整选址方案；属于中风险的选址方案，应当提出有效的风险防范和化解措施，并纳入备选选址方案；属于低风险的选址，可纳入选址方案。最后将备选选址方案和选址方案一并纳入专项规划。

（3）做好信息公开工作

信息公开是塑造政府公信力的基础，例如，惠州市在推动博罗县生活垃圾焚烧发电厂项目时，积极开展信息公开，通过市（县）政府网站公布和向受影响行政村发放报告简本的方式进行了环评公示，博罗县环卫局通过媒体，对公众关注的选址、建设单位、环境污染、二噁英等核心问题，进行公开回应，努力使"邻避"项目建设主体之间实现从相互不信任、不合作乃至对抗向信任基础上的良好合作关系转变，有效塑造了政府公信力。

Ⅰ. 实施单位

承担"邻避"设施规划、选址的机关或单位。

Ⅱ. 信息公开范围

信息公开的范围应能涵盖所有受设施直接和间接影响的公众所处的地域范围，建议涵盖设施所在地街道（镇）范围内居民，若项目场址距离相邻街道（镇）边界距离在 3 千米以内，信息公开范围应包含相邻街道（镇）所在地居民。

Ⅲ. 信息公开方式

信息公开的方式主要有信息公告、相关报告简本等，有关部门在信息公开和公示材料中应当载明征求意见的对象、范围、期限、内容和公众意见反馈途径。

信息公告主要发布方式主要为政府、企业网站、项目所在地的公共媒体上（如专门的电子媒体和平面媒体）发布公告；公开免费发放包含有关公告信息的印刷品；其他便利公众知情的信息公告方式。

相关报告简本主要发布方式包括在特定场所（如地方政府行政服务中心、设施选址周围街道、社区服务中心等）提供相关报告书的简本；制作包含相关报告书的简本的专题网页；在公共网站或者专题网站上设置相关报告书的简本的链接；其他便于公众获取相关报告书的简本的方式。

Ⅳ. 信息公开注意事项

"窗口期"切忌草率发布。重大"邻避"项目信息公开是一项长期动态的工作，项目"生命周期"全程都需要进行信息公开，但关键在前期，成败在"窗口期"，选址阶段的稳妥发布至关重要。在进入法定公开程序前，项目核心区要挨家挨户做好沟通与信息告知，消除信息不对称，主动回应公众关切。重大信息发布不能"单兵突进"，必须以相关工作充分、各项应急预案到位为基础。

Ⅴ. 信息公开程序

要严格依据《环境信息公开办法（试行）》（总局令 第35号）、《中华人民共和国政府信息公开条例》（国务院令第711号）、《企业信息公示暂行条例》（国务院令654号）等规定。规划选址阶段具体公开的次数、时间、形式、内容详见表 5-1。

表 5-1　项目各阶段信息公开的次数、时间和形式

设施管理阶段	次数	信息公开		
		时间	形式	内容
设施规划阶段	2	设施规划初步方案确定后 10 天内	信息公告	设施现状和建设需求；设施处置策略比选、处置方式比选；公众申请索取相关信息的途径和时间段；公众咨询的主要内容与事项；公众咨询方式；公众咨询时间
		设施规划方案确定后 5 天内	设施规划简本	设施处置策略；处置方式；设施工艺类型、规模、技术方案与选址方案等

设施管理阶段	次数	信息公开		
		时间	形式	内容
设施选址阶段	2	选址方案研究初稿完成后5天内	信息公告	设施各备选地址概况；设施选址依据和标准；初步确定设施建设地址基本情况概述；惠益共享方案；提供选址方案研究的技术单位简介及其联系方式；公众申请索取相关信息的途径和时间段；公众咨询的主要内容与事项；公众咨询方式；公众咨询的时间
		选址论证会确定选址方案后5天内	信息公告	选址论证的情况；设施选址依据和标准；设施建设地址基本情况概述；惠益共享方案；提供选址方案研究的技术单位简介及其联系方式；公众申请索取相关信息的途径和时间段；公众咨询的主要内容与事项；公众咨询方式；公众咨询的时间

（4）适时引入公众参与

Ⅰ．实施单位

承担项目规划、选址的有关部门和相关单位。

Ⅱ．公众参与的范围

公众参与的主体是建设与运营过程中可能受其影响的单位和个人。具体包括：受项目的建设与运营直接影响的单位和个人、项目所在地人大代表和政协委员等以及相关专家。

Ⅲ．公众参与的形式

公众参与的形式包括问卷调查、咨询专家意见、座谈会、论证会、听证会、邮件、来电、来函等。

Ⅳ．公众参与流程

ⅰ．规划阶段

项目规划编制阶段公众参与的主要形式为专家论证会、听证会。由于涉"邻避"环保项目涉及较多专业性问题，需要通过专业人士对相关规划问题进行探讨。在专家座谈会后应安排公众听证会，参与者在了解项目的基本情况、项目相关的基本知识和理论后参与讨论，并邀请专家对参与者的提问进行解答，最终在一些有利益冲突的问题上形成共识文件，文件交付所有参会者并由会议组织者向社会公布。

项目规划公示阶段公众参与的主要形式为问卷调查、座谈会、邮件、来电、来函等，通过广泛收集公众意见，了解公众的需求并对其进行反馈。规划方案初步订立后，应由项目主管部门通过一定渠道将其公告一段时间，原则上不少于 1 个月，要做到项目周边 2 千米以内家喻户晓，5 千米以内居民知情比例不低于60%。在听取公众的反馈意见后进行修改，修改后的方案仍需进行公开，直至公众的赞成意见达到 95%。另外，规划编制部门应公布电子邮箱地址、电话等联系方式，方便公众来信来电。

ii. 选址阶段

此阶段公众参与的主要形式为问卷调查、座谈会。通过问卷调查了解公众对项目选址的接受程度，调查时间原则上不少于 1 个月，要做到项目周边 2 千米以内家喻户晓，5 千米以内居民知情比例不低于 60%。同时，邀请政府代表、项目方代表、公众代表、相关专家等相关利益方参与座谈会，对项目选址的科学性、合理性进行论证，并对选址方案配套征地方案、移民方案及相关补偿方案等进行讨论，形成共识文件。

5.1.2.2 项目决策论证阶段

（1）明确项目主体责任

各地党委、政府主动担当是项目推进的关键。地级以上市党委、政府对辖区内"邻避"问题防范化解工作负总责。重大项目建议成立由市委、市政府主要领导当组长，市直各相关部门主要负责人为成员的涉环保项目"邻避"问题防范与化解工作领导小组，统筹全市各类资源，集中解决重点难点问题，全过程、全链条压实各方责任。县（市、区）党委和政府成立由主要领导担任组长的工作专班，牵头制定项目工作总体方案和各类应急预案，建立联络员制度，落实"每日一报、专事专报、急事特报"制度。乡镇（街道）党委和政府成立由主要领导担任组长的项目推动工作小组和维稳工作专班，制定项目工作清单，建立24 小时值班和每日研判工作机制。

领导小组综合预判项目的可行性与"邻避"风险的可控性，对低风险项目，要坚定决心，强化措施，坚决推进；对中风险项目，要落实相关程序，优化技术措施，深化群众工作，有效降低风险等级后稳妥推进；对高风险项目，应调整决策方案，做出重新规划选址等变更部署。

（2）建立联席会议制度

制定涉环保项目"邻避"问题防范和化解工作联席会议制度，由生态环境部门担任召集人，维稳部门、宣传部门、发展改革部门、自然资源部门、教育部门、信访部门等多方政府机关和单位合力作为，共同推进涉环保项目"邻避"问题防范与化解工作。联席会议原则上每年至少召开1次例会，讨论年度工作计划和任务，总结上一阶段工作完成情况，研究需要重点解决的问题。

（3）做好群众的沟通疏导工作

在项目公开之前要对周边人群开展社会稳定摸排工作，区分不同群体，因人施策，精准应对。工作领导小组要组织项目所在地分管维稳工作的副书记、人大代表、政协委员、原籍干部及部门业务骨干、群众工作能手等组成专门工作组，实行分片包干负责制，进村入户对项目建设涉及的村群众思想动态进行排查摸底并登记造册。对于"邻避"项目公众沟通，要因人而异，分类施策。对于一般公众，重在解决认知问题求认同；对利益相关方，重在解决利益问题求稳妥；对于借助"邻避"项目进行恶意炒作的发泄者以至敌对势力，重在有效防控、坚决打击。同时要加强对项目所在地党政干部、民间威望人士、企业家、知识分子、乡贤等关键人物的沟通，争取得到他们的认同和理解，充分发挥他们的威望和影响，达到"影响一个、带动一片"的效应。

（4）解决历史遗留环境问题

一是属地责任部门要加强对周边已建成项目或工业园区的日常环境监督，对群众反映、投诉较为集中的问题要跟踪督办，直至整改到位，并将查处与整改情况公开，让群众了解。督促企业实时公开排放信息，以实际行动取信于民。建立公众监督常态机制，建立良性互动，改变污染企业脏、臭、毒的形象，彻底解决历史遗留环境问题，赢得群众的信任。二是要在项目公开前积极化解周边群众的信访积案，防范"邻避"矛盾叠加风险。

（5）做好"邻避"风险应对方案和应急预案

统筹政府部门、政企各方，建立职责清晰、充分联动、有效监督的工作机制。制定系统性、针对性强的工作方案，包括项目推进、公众沟通、科普宣传、舆情应对、应急处置等各方面的内容，明确工作目标、重点任务、职责分工和保障措施。制定"邻避"风险群体性事件应急预案，明确事件的组织指挥体系和应急管控措施，确保各种情况预判和应对处置措施清楚并且可操作。

（6）因地制宜探索制定了一批生态补偿制度

广东省在涉环保项目"邻避"问题防范化解工作中通过制定相关生态补偿办法，推动企业与周围居民建立互惠共生关系，为项目的顺利建设推进奠定坚实基础。广东省发布的《关于居民生活垃圾集中处理设施选址工作的决定》（广东省第十二届人民代表大会常务委员会公告第 69 号），规定了"地级以上市、县级人民政府应当按照使用者付费、受益者补偿的原则，建立居民生活垃圾集中处理设施生态补偿长效机制，科学合理设置补偿原则和补偿标准。居民生活垃圾集中处理设施覆盖多个区域的，以居民生活垃圾集中处理设施所在区域为受补偿区，以居民生活垃圾输出区域为补偿区域。生态补偿费主要用于生活垃圾集中处理设施周边环境整治改善、公共服务设施建设和维护、集体经济发展扶持、居民补助等。居民生活垃圾集中处理设施管理运营单位应当加强对周边居民的扶持和回馈。"

广州市出台《广州市生活垃圾终端处理设施区域生态补偿暂行办法》及实施细则，不仅规定每年定期对生活垃圾终端处理项目周边群众进行免费体检，还对项目周边配套项目加大资金投入，带动和扶持周边地区经济发展。广州生活环境无害化中心的控股公司采用协助解决就业、共建基础设施、参与村组活动、租赁当地物业等措施与当地村民建立互动关系。

韶关市在建设两个垃圾焚烧发电项目时，建立了长效利益补偿机制，科学合理地设置理补偿标准和补偿期限，通过土地入股、村集体分红等形式，解决村集体经济利益保障问题，并把部分项目税收用于当地经济社会和民生事业发展，变短期利益为长期利益。同时，筹集资金为项目周边村庄人居环境整治、路灯安装、道路和文化广场建设，并将免费安装自来水、清理水圳等民生事项列入土地征收补偿协议书中，改善村民生产生活条件，以实际行动赢得村民信任和支持，变"邻避效应"为"邻利效益"。

肇庆市在建设环保能源发电项目时，大力发展乡村振兴工程，市、区两级投入上亿元，整合项目周边三个镇的产业、生态、文化等资源，打造"河乐水"乡村旅游示范区，发展特色农业和休闲旅游产业，极大提升了乡村资源价值，项目所在地的村容村貌焕然一新，农民收入得到了显著提升。同时，积极制定利益回馈机制，由运营企业将项目每年运营利润的部分资金用于回馈当地村民、支持地方建设，并建立企业员工本地化优先的用人机制，优先对村民给予设施共享、助学帮扶、免费体检、医疗资助等公益服务，用真金白银承担起企业社会责任，筑牢利益共享、相互信任、荣辱与共的经济基础。

汕头市政府在推进潮南区垃圾焚烧发电厂落地的过程中，潮南区按照"谁受益谁付费，谁受损谁受偿"的原则，探索建立生态补偿机制。一是做好征地补偿，由潮南区财政在项目动工前一次性向村民支付征地补偿费；二是提供社会保障，每年帮助风华村全村村民缴纳医保、城乡居民一体化养老保险，为其提供更加完善的公共服务及社会保障；三是坚持利益共享，通过垃圾焚烧发电厂出让一定的预期经营收益，每年给予村民固定的补偿，让当地群众真正感受到项目落地带来的红利和实惠；四是扶持当地发展，潮南区投入上千万元帮助风华村解决基础设施和公共福利项目，并在工业用地和宅基地用地指标上给予该村一定倾斜。通过上述措施，不仅解决了垃圾焚烧发电厂周边群众的生产生活实际问题，也使项目获得当地村民代表的一致支持。

5.1.2.3 项目设计审批阶段

(1) 高标准设计、建设和排放

涉环保"邻避"项目要高标准设计、高标准建设和高标准排放。引进国际一流的设备和管理经验，污染物要执行最严格的环境标准，达到各行业相关环保标准或国际欧盟标准的严者，将项目本身存在的环境污染和健康威胁减小到最低限度。涉环保"邻避"设施建筑外观设计上要实现去工业化，达到项目景观生态化、公园化要求，以提高公众的可接受程度。所有涉环保"邻避"项目均要设环保科普宣传展厅，向公众免费开放。

(2) 严格项目准入门槛

要严格设施建设招投标管理，强化市场准入门槛。建议改变特许经营招标方式，在招标时不搞低价中标方法，而是定价招标方式。招标时主要比较投标企业的方案、技术、排污标准和环境美观等指标，鼓励和吸引具有较高社会责任，具备国际先进水平的大型环保企业投资建设新的生活垃圾、污水厂污泥、危险废物处理处置等市政设施，或将已建的市政设施交由大型企业运营管理，并给予其合理的利润，以尽快提升运行效果，把"邻避"设施项目打造成高科技项目、精品工程。对由不同企业建造或运行的市政设施，也可以通过推进相关企业互相持股、分享利润等方式实现资源整合、提高规模。同时，承担涉环保"邻避"项目的建设运营单位，必须在同行业有 1 个以上成功经验的项目，确保项目高水平安全运营。

(3) 依法依规完成各项审批程序

依法依规审批是项目建设的基本条件，避免先开工后补手续。行业主管部门或项目建设单位要依法按照各地审批部门的相关规定完成项目立项、项目选址意见、用地预审、环境影响评价社会稳定风险评估、建设用地规划许可、建设工程

规划许可、建设工程施工许可、建设工程噪声作业施工意见书等程序。涉及文物保护、民航、机场、林业等部门的，需提供相关主管部门的意见。位于地质灾害易发区的建设项目，建设单位需开展地质灾害危险性评估。各有关部门及地方各级人民政府按照审批职责，严格依法开展项目各环节行政审批工作，坚持把合法性审查贯彻于整个决策程序，避免项目程序存在瑕疵或漏洞，埋下风险隐患。同时应加强对环评机构的管理，提高环评机构环评报告编制质量。

（4）做好信息公开工作

Ⅰ．实施单位

承担项目立项、环评、稳评的机关或单位。

Ⅱ．信息公开程序

要严格依据《环境信息公开办法（试行）》（总局令 第 35 号）、《环境影响评价公众参与暂行办法》（2018 年修订）、《中华人民共和国政府信息公开条例》（国务院令第 711 号）、《企业信息公示暂行条例》（国务院令 654 号）等规定，在设施环评、立项等各个阶段进行信息公开。具体公开的次数、时间、形式、内容、政策文件详见表 5-2。

表 5-2　项目审批阶段信息公开的次数、时间和形式

设施管理阶段	次数	信息公开			
		时间	形式	内容	政策文件
环境影响评价阶段	6	建设单位确定承担设施环境影响评价工作的环评机构后 7 日内	信息公告	建设项目名称、选址选线、建设内容等基本情况，扩建项目应当说明现有工程及其环境保护情况；建设单位名称和联系方式；环境影响报告书编制单位的名称；公众意见表的网络链接；提交公众意见表的方式和途径	《环境保护法》《环境影响评价法》《环境影响公众参与办法》《建设项目环境影响评价政府信息公开指南（试行）》《环境保护公众参与办法》
		建设项目环境影响报告书征求意见稿形成后	通过网络平台、项目所在地公众易于接触的报纸、项目所在地公众易于知悉的场所张贴公告，鼓励建设单位通过广播、电视、微信、微博及其他新媒体等多种形式发布	环境影响报告书征求意见稿全文的网络链接及查阅纸质报告书的方式和途径；征求意见的公众范围；公众意见表的网络链接；公众提出意见的方式和途径；公众提出意见的起止时间。建设单位征求公众意见的期限不得少于 10 个工作日，且在征求意见的 10 个工作日内公开信息不得少于 2 次	

设施管理阶段	次数	信息公开			
		时间	形式	内容	政策文件
环境影响评价阶段		建设单位向生态环境主管部门报批环境影响报告书前	网络平台公开环境影响报告书全文和公众参与说明	建设单位应当公开拟报批的环境影响报告书全文和公众参与说明	《环境保护法》《环境影响评价法》《环境影响公众参与办法》《建设项目环境影响评价政府信息公开指南（试行）》《环境保护公众参与办法》
		生态环境主管部门受理建设项目环境影响报告书后	在其政府网站或者采用其他便利公众知悉的方式	环境影响报告书全文；公众参与说明；公众提出意见的方式和途径。公开期限不得少于10个工作日	
		生态环境主管部门对环境影响报告书作出审批决定前	在其政府网站或者采用其他便利公众知悉的方式	建设项目名称、建设地点；建设单位名称；环境影响报告书编制单位名称；建设项目概况、主要环境影响和环境保护对策与措施；建设单位开展的公众参与情况；公众提出意见的方式和途径。公开期限不得少于5个工作日	
		生态环境主管部门自作出建设项目环境影响报告书审批决定之日起7个工作日内	在其政府网站或者采用其他便利公众知悉的方式	公告审批决定全文，并依法告知提起行政复议和行政诉讼的权利及期限	

（5）稳妥进行公众参与

Ⅰ.实施单位

承担项目环评、稳评的有关部门和相关单位。

Ⅱ.公众参与流程

i. 项目环境影响评价阶段

此阶段公众参与的主要形式为听证会、邮件、来电、来函等。通过听证会使公众了解项目对周围环境造成的影响，以及预防或者减轻不良环境影响的对策与措施，同时了解公众对项目造成的环境影响的接受性。另外，生态环境部门应公布电子邮箱地址、电话等联系方式，方便公众来信来电。

ii. 项目社会稳定风险评估阶段

由项目所在地政府或有关部门指定的评估机构开展社会稳定风险评估，根据实际情况采取公示、问卷调查、实地走访和召开座谈会、听证会等方式征询相关群众意见，查找并列出风险点、风险发生的可能性及影响程度，分析判断并确定风险等级，提出社会稳定风险评估报告。

（6）开展宣传和群众工作

精准宣传有效提升群众安全感，例如，深圳市在推动东部环保电厂时，龙岗区政府有针对性地编印了《群众关注问题问答》以及《东部环保电厂项目 39 问 39 答》等资料，在《深圳侨报》密集开展垃圾焚烧科普知识宣传，在龙岗电视台播放以"优势篇""无害篇"为主题的垃圾焚烧处理公益广告，邀请专家举办垃圾焚烧科普知识理论培训，组织项目周边群众到中国台湾的垃圾焚烧处理厂等参观，尽力消除群众普遍担心的二噁英、项目建设标准和对周边环境影响的疑虑和担忧，最终获得群众的支持，目前该项目已在建设中。

Ⅰ. 宣传范围

对全社会广泛开展项目的科普宣传，尤其对项目所在地的公众要进行重点宣传引导、参观学习、专家释疑。

Ⅱ. 宣传程序

一是进行实地参观。说一千道一万，不如现场看一看。在项目启动前，项目实施主体部门要积极总结样板企业和地方成功经验，组织公众及媒体进行实地考察，增强感性认识，深化理性宣传。二是进行科普宣传。项目实施主体部门统筹制作工程项目的科普公益宣传片，充分利用报刊、广播、电视、新媒体等各种媒体和传播手段滚动播放，用权威的平台和主流媒体开展全方位、多渠道、常态化地宣传教育，增进公众对项目的理解和信任。三是进行法制宣传。积极宣传项目依法依规建设的程序、环节、依据、标准、补偿政策以及公众参与的路径与诉求表达渠道等，增进公众对项目建设的合法性了解，引导群众理性表达意见诉求。切实建立公众沟通的渠道和平台，认真对待群众意见和利益诉求，及时回应群众关切，答疑解惑，消除群众疑虑。

5.1.2.4 项目建设施工阶段

(1) 严格把关工程建设质量

在对涉环保"邻避"项目进行建设时，项目建设单位应满足国家、广东省及所在地市相关标准的要求，项目建设应当严格按照无害化的要求，依照相关技术和环保标准设计建设，配备完善的污染控制及监控设施，按规定向社会公开相关信息，充分做到工艺达标、设备可靠、技术先进、施工文明。涉环保"邻避"项目伴生的臭气、飞灰、渗滤液要统筹考虑，统筹设计建设处理设施。装卸、贮存设施、渗滤液收集和处理设施等应当采取密闭负压措施，严格控制恶臭气体的无组织排放。应设有臭气旁路处理系统，配备独立的机械排风和除臭装置。工程建设期间应严防通过降低工程和采购设备质量、缩短工期、以次充好等恶意降低建设成本，避免因工程质量不达标而降低政府和企业的公信力，引起舆情反弹。

(2) 严格加强施工期环境管理

加强施工期环境管理和监理，确保施工单位做到文明施工，项目建设单位要严格按照建设工程绿色施工管理规范等相关规定，加强对施工过程的管控，严格控制噪声污染、废气、废水和废渣污染，并落实好环评批复报告中提到的环境污染防治措施，最大限度地减少施工过程对场地及周围环境的不利影响。政府相关职能部门对造成严重环境污染或生态破坏的，应当查清原因、查明责任，依法处置，避免施工期对环境产生重大污染，避免在项目建设阶段引起舆情反弹，导致新的"邻避"冲突。

(3) 依法办理相关验收手续

项目竣工后，要依法依规完成建设工程规划验收、建设工程竣工验收以及环境保护设施竣工验收等相关验收手续。建设工程规划验收工作由自然资源部门负责；建设工程竣工验收工作由住房和建设部门负责；建设项目环境保护设施竣工验收工作由建设单位组织实施。未通过验收的，建设项目的主体工程不得投入生产或者使用。

(4) 全面公开项目建设和验收阶段相关信息

要严格依据《环境信息公开办法（试行）》（总局令 第35号）、《中华人民共和国政府信息公开条例》（国务院令第711号）、《企业信息公示暂行条例》（国务院令654号）、《建设用地审查报批管理办法》、《建设项目竣工环境保护验收暂行办法》、《建设项目环境影响评价政府信息公开指南（试行）》等规定，在项目建设阶段进行信息公开。具体公开的次数、形式、内容详见表5-3。

表 5-3 项目建设施工阶段信息公开的次数、时间和形式

设施管理阶段	次数	信息公开			政策文件
		时间	形式	内容	
建设施工阶段	4	设施建设施工前	通过网站或其他便于公众知晓的方式，信息公告	设施建设项目施工工程内容和工期；工程施工承担单位及联系方式；施工期间对周围生态环境、居民生活、经济活动等的可能影响；计划采取的影响减缓措施；公众提交对设施施工影响进行投诉与沟通的渠道与方法。同时将《建设用地批准书》公示于施工现场	《建设用地审查报批管理办法》《建设项目竣工环境保护验收暂行办法》《建设项目环境影响评价政府信息公开指南（试行）》等
		设施竣工后10日内		设施施工实施情况简介；施工过程对周围生态环境、居民生活、经济活动影响减缓措施的实施与效果简介；设施运营商及联系方式；设施下一阶段投产、运营计划。公示竣工日期	
		调试前		公开调试起止日期	
		验收报告编制完成后5个工作日	验收报告	公开验收报告，公示的期限不得少于20个工作日	

5.1.2.5 项目运营管理阶段

（1）建立污染物监测机制

项目运营单位应按照运营管理许可证要求，建立和完善常态化监测机制，建立覆盖常规污染物、特征污染物的环境监测体系，实现烟气中一氧化碳、颗粒物、二氧化硫、氮氧化物、氯化氢等污染物在线监测，并与政府监管部门联网。

（2）运营情况信息公开

运营单位要定期（每季度一次）将设施运行情况和设施环境情况以简报的形式进行信息公开，让民众对设施运行情况充分知情，增强与民众的互信，避免因信息不对称引起舆情和"邻避"冲突。设施运行情况简报包括安全生产、制度建设、设施实际接纳的垃圾来源、种类、数量、每日处理量、配套环保设施运行情况以及其他环境不良影响的减缓措施实施情况及效果等。设施环境简报包括设施运转时所产生的主要污染物种类及数量、设施内污染处理设施运行情况介绍、设施周围水环境、大气环境、声环境、生态等状况及变化趋势、设施污染物排放监测单位及其资质证明等。

同时，在厂区周边显著位置设置电子显示屏公开企业在线监测环境信息和烟气停留时间、烟气出口温度等信息，通过企业网站等途径公开企业自行监测环境信息。建立与周边公众良好互动和定期沟通的机制与平台，畅通日常交流渠道。

项目运营管理阶段信息公开的次数、形式、内容详见表5-4。

表5-4　项目运营管理阶段信息公开的次数、时间和形式

| 阶段 | 次数 | 信息公开 | | | 政策文件 |
		时间	形式	内容	
设施运营管理阶段	多次	设施试运行前5日内	信息公告	设施运营商及联系方式；设施运行计划；管理制度与机制；环评报告中所提环境影响减缓措施落实情况；设施运营阶段可能产生的对周围生态环境、居民生活、经济活动等的影响；计划采取的减缓措施；公众提交对设施运营影响进行投诉与沟通的渠道与方法；运营阶段拟公开的信息内容、时间与方式；公众索要设施相关信息的联系方式	《城市生活垃圾处理设施向公众开放工作指南（试行）》；《关于推进环保设施和城市污水垃圾处理设施向公众开放的指导意见》
		定期，每季度一次，视实际条件确定	设施运营情况与环境信息公开报告	设施运行情况简报包括安全生产、制度建设、设施实际接纳的垃圾来源、种类、数量、每日处理量、配套环保设施运行情况以及其他环境不良影响的减缓措施实施情况及效果等。设施环境简报包括设施运转时所产生的主要污染物种类及数量、设施内污染处理设施运行情况介绍、设施周围水环境、大气环境、声环境、生态等状况及变化趋势、设施污染物排放监测单位及其资质证明等	

（3）逐一兑现各项承诺

政府和项目运营管理单位要在设施运营阶段逐一兑现最初承诺的各项运营管理标准和惠益共享方案，增强与民众的互信，避免因废气超标排放和臭气扰民现象引起舆情和"邻避"冲突。

项目运营单位应严格执行相关环保标准，确保污染物稳定达标排放。政府和项目运营单位须按照最初对周边民众的承诺兑现相应的惠益共享方案，落实已明

确的资金、养老、就业、医疗公共服务体系以及结合乡村振兴项目为周边居民建设道路、桥梁、健身房、图书馆等"邻利"型惠民工程，确保补偿足额、到位，弥补企业周边公众因生境改变、风险加剧造成的经济损失和心理失衡。适时开展利益补偿后评价，实现利益补偿科学化、动态化。切实履行企业的社会责任，努力让垃圾处理设施与周边居民、社区形成利益共同体。

（4）加强环境监管力度

项目运营单位落实主体责任，主动公开环保数据，接受政府和公众的监督。政府相关部门要采取多种方式对项目运营单位严格监管。

运营企业按照"装、树、联"有关要求做好企业污染排放信息公开，即依法依规安装污染物排放自动监测设备、厂区门口树立电子显示屏实时公布污染物排放和焚烧炉运行数据、自动监测设备与生态环境部门联网。对于停开炉等非正常工况下的污染排放情况，应争取在公众感知到环境污染及损害前，及时通知到项目所在镇、村集体和村民。

大型的涉环保"邻避"项目推行第三方驻厂监管模式，由权威的驻点管理机构配置专职人员对项目收集、运输、贮存、处理处置及污染物排放等全过程进行全面监管。

采用四方共管模式，政府、居民代表、专家和项目运营单位四方共同成立运营监督管理委员会，实施运营全周期、全过程、全方位共同监管，运营监督管理委员会可以委派专业机构对设施运行的环境影响进行调查，协商居民便利设施的建设，参与设施的监督等。

（5）加强"邻避"风险防范意识

党委、政府持续保持"邻避"防范意识，加强宣传、生态环境、住建、城管、公安、宣传（网信）等有关部门的统筹协调，持续开展舆情监控，关注线上、线下社情民意变化情况，围绕各种舆情信息的倾向性、苗头性、聚集性特点，密切跟踪其发展变化，预测其走向趋势，提出舆情应对方案。建立"政—企—民"三方对话平台，以主动、开放的姿态积极回应群众关切，积极开展科普宣传工作，正面引导舆论，尽最大努力化解群众的误解和疑惑，着力解决群众反映强烈的突出环境问题。

运营企业应识别项目的环境风险因素，重点针对设施可能产生的有毒有害物质泄漏、大气污染物（含恶臭物质）的产生与扩散以及可能的事故风险等，制定环境应急预案，提出风险防范措施，制定定期开展应急预案演练计划。同时，评估分析环境社会风险隐患关键环节，制定有效的环境社会风险防范与化解应对措施。

5.2 广东省环境信访矛盾治理体系建设实践

5.2.1 广东省环境信访矛盾治理体系框架

近年来，广东省坚持以人民为中心的发展理念，深入贯彻习近平总书记关于加强和改进人民信访工作的重要思想，认真落实生态环境部有关改革完善信访投诉工作机制的工作部署和要求，深化信访工作制度改革，全面落实信访工作责任制，严格执行依法分类处理环境信访，深入推进信访工作规范化建设，广东省环境信访矛盾治理体系逐步建立完善，工作格局初步形成，信访形势总体呈现出总量平稳、结构向好、秩序可控的良好状态。

5.2.1.1 建立了一套工作机制

省级主管部门针对环境信访工作，专门建立了领导包案、接访下访和督察督办制度，将每月第二个星期三定为"厅领导接访日"。建立重点案"日抽查"和"月销号"制度，每日抽查并督促属地整改信访答复内容不规范、逻辑错、缺漏项等问题，每月排查梳理群众反映强烈、反复投诉或平时不作为、急时"一刀切"的有关问题清单。落实值守制度和信息报告制度，各级主管部门认真落实敏感时期信访值守和备勤，确保信息渠道畅通，备勤力量到位，随时应对处置信访重大突发事件，并严格落实信息报送制度及时规范报送工作信息。

5.2.1.2 制定了一系列综合对策体系

2014年3月27日，广东省第十二届人民代表大会常务委员会第七次会议通过《广东省信访条例》，是为贯彻实施国务院《信访条例》制定的广东省地方性法规；2017年广东省印发了《广东省信访工作责任制实施细则》进一步落实各级党政机关及其领导干部、工作人员信访工作责任；2017年，出台了《广东省委省政府关于进一步加强和改进新时期信访工作的意见》，把依法及时就地解决群众合理合法的诉求作为信访工作的核心，把信访放在共建共治共享的格局中去考虑；印发了《广东省解决群众信访诉求考核办法》，提出重点考核各个市、各个地方、各个部门对群众的合理合法诉求的化解率；出台了《广东省解决信访问题依法分类处理的办法》，同时配套具体的细则，真正按照依法分类、压实部门责任，合理合法解决群众的诉求；出台了《关于加强信访秩序的工作指引》和《关于引入第三方法律专业力量参与环境矛盾化解的通知》，发挥公安部门和政法部门的作用，对缠访闹访予以规范和整治；2020 年广东省在全国率先修订出台《广东省直机关有关部门生态环境保护责任清单》，指导依法分类处理信访事项，明确各省直部门在涉环保项目"邻避"问题、环境信访矛盾等生态环境领域重大风险防范化解职责分工；制定印发了《关于进一步加强环境信访保障工作的通知》，督促做好重要敏感节点信访保障工作。

5.2.1.3　开发了一个信息化管理平台

2019 年"广东省生态环境信访举报云平台"在省、市、县三级生态环境部门同步上线，整合电话、网络、微信、来信、来访及"12369"平台举报信息，实现全省涉生态环境领域信访举报统一一个平台管理，进一步开发分析研判功能，定期编制信访形势报告，充分发挥环境信访预警预报作用，有效提高广东省生态环境信访举报工作规范化水平和信访举报事项处理效率，开创生态环境领域信访举报大数据+网格化管理新模式。

5.2.1.4　开展了突出环境信访问题专题研究

针对当前广东省环境信访投诉治理面临着"楼企楼路""达标扰民""重复访"等难点，近年来，广东省开展了《广东省"楼企相邻""楼路相近"环境信访矛盾分析及对策建议》《广东省生态环境领域信访矛盾化解和优化管理决策机制研究》《广东省环境信访领域"达标扰民"、重复信访问题化解及突发事件应对支撑服务》等一系列生态环境保护专项课题研究。2018～2019 年先后开展了《广东省生态环境领域重大风险防范化解工作的调研报告》《生态环境领域信访维稳问题攻坚化解调研报告》《"楼企楼路"环境信访矛盾成因分析及对策建议调研报告》等系列调研报告，所开展的课题研究和专题调研为广东省环境信访工作提供了强有力的科技支撑。

5.2.2　广东省环境信访矛盾治理实践

广东省在攻坚化解环境信访矛盾、改革完善信访投诉工作机制过程中，紧密围绕全省经济社会高质量发展，着力创新科学决策机制、源头化解机制、协调联动机制、群众工作机制和应急处置机制，解决了一批百姓身边突出环境问题，高效化解了广东省信访工作中的焦点、难点、堵点、痛点和热点，逐步探索出一套改革完善信访投诉工作机制的"广东办法"，较好地维护了群众环境权益和社会和谐稳定。

5.2.2.1 聚焦点 创新组织决策机制

坚持以人民为中心，广东把化解群众环境信访投诉工作摆在突出位置，强化顶层设计，高位推动部署。

一是聚焦矛盾化解，高位推动部署。广东省委、省政府高度重视信访工作，省委书记李希、省长马兴瑞多次作出批示指示，要求认真总结经验做法，加大信访工作力度，加强制度建设和重点案件督办，不断提升信访工作水平。广东省生态环境厅建立并严格执行领导包案、接访下访和督察督办制度，将每月第二个星期三定为"厅领导接访日"。建立重点案"日抽查"和"月销号"制度，每日抽查并督促属地整改信访答复内容不规范、逻辑错、缺漏项等问题，每月排查梳理群众反映强烈、反复投诉或平时不作为、急时"一刀切"的有关问题清单。2020年1月到11月已抽查重点信访投诉704件，批转要求属地市政府整改40件，提高了广东全省环境信访投诉办件质量，确保矛盾纠纷解决在萌芽、化解在基层。

二是聚焦疫情防控，服务"双统筹"大局。新冠肺炎疫情发生后，广东省将化解涉疫信访事项作为首要任务来抓，立即建立涉疫重点信访专项台账，实行"第一时间受理、第一时间转办、第一时间处理、第一时间督办、第一时间回访"的应对机制。广东省生态环境厅主要领导先后50多次赴广州、佛山、韶关等地调研督导环保基础设施建设及医疗废物、医疗废水处置设施运行，妥善处置100余起涉疫信访事项。

三是聚焦机构改革，优化职责体系。2020年在全国率先修订出台《广东省直机关有关部门生态环境保护责任清单》，充分结合污染防治攻坚战以及当前生态环境保护工作实际，进一步明确各省直部门在涉环保项目"邻避"问题、环境信访矛盾等生态环境领域重大风险防范化解职责分工。2019年通过机构改革，专门设立监察二处，归口管理生态环境信访投诉工作，统筹全省环境社会风险防范化解。

5.2.2.2 疏堵点 创新协同联动机制

认真分析研判环境信访工作中存在工作联动不畅、信息共享不足等突出问题，加强部门联动、上下协同和信息共享，形成深挖环境信访线索"金矿"、助力污染防治攻坚战的工作合力。

一是疏通左右协调堵点，发挥信访"情报部"作用。广东省生态环境厅与住建、自然资源、水利等部门组建信访类案化解专项小组，坚持将环境信访与执法、宣教、监察等多部门联动，定期搜集梳理特定信访线索，深挖信访信息"金矿"。2020 年 1~11 月向有关职能部门提供有价值线索 861 条，并分 10 批次在广东环境杂志上曝光 47 宗典型污染投诉举报案件。

二是疏通上下联动堵点，发挥信访"指挥棒"作用。坚持环境信访与地方党委、政府的密切联动，合力化解存在"爆发式"风险案件。如某楼盘激烈反映臭气跨界影响问题，广东省生态环境厅迅速联合广州、东莞生态环境部门实行扁平化应对机制，直接指挥县区基层人员，推动区域企业污染治理和产业升级改造，有效控制风险跨区域、跨领域叠加扩散。

三是疏通信息渠道堵点，发挥信访"晴雨表"作用。2019 年委托专业第三方开展"广东省环保信访举报云平台服务"，整合电话、网络、微信、来信、来访及"12369"平台举报信息，进一步开发分析研判功能，定期编制信访形势报告，充分发挥环境信访预警预报作用。

5.2.2.3 解难点 创新源头预防机制

针对"楼企相邻""楼路相近"矛盾纠纷和"邻避"效应等突出难题，广东早谋划、早准备，创新将信访工作和防范化解"邻避"问题紧密结合，实行源头预防，推动多元化解。

一是围绕项目落地难题，加强信访预警研判。广东省依托"广东省生态环境信访举报云平台"与"广东省邻避项目信息管理平台"，对"邻避"重大项目实时动态监测，实现"主动发现—精准预警—深度分析—协同处置—持续监测"的全链条闭环防控，2018 年来稳妥推动了 103 个环保基础设施和 24 个重大项目顺利建设。

二是围绕信访增速快难题，谋划"邻避"源头治理。2017 年以来，广东省对"邻避"问题防范化解工作先行先试，建立"邻避"问题防范化解工作部门间联席会议制度，源头防范等重点领域新建项目可能引发的环境信访矛盾。2019 年组建省级"邻避"专家宣讲团队，完成全省 21 个地市（含市、县区、镇）近 5000 名领导干部"邻避"培训全覆盖。2020 年通过网络教学方式对有关建设经营单位约 1100 名管理人员开展"邻避"工作培训。广东全省涉环保"邻避"项目群体性事件逐年下降，从 2016 年 23 起降至 2019 年 3 起、

2020 年以来没有发生一起。

三是围绕"楼企楼路"化解难题，推动多元化解。"楼企相邻""楼路相近"矛盾纠纷以重复投诉率高、持续时间长、涉及利益广、历史原因复杂等为特征，是广东当前环境社会治理的难点。广东省生态环境厅开展《广东省"楼企相邻""楼路相近"环境信访矛盾防范与化解对策研究》，专门建立涉"邻避"信访事项台账和制定"邻避"问题防范化解工作指引，服务指导各地解决相关信访难题。

5.2.2.4　消痛点 创新群众工作机制

群众利益无小事，广东针对群众环境信访反映的"愁难急盼"问题，深入基层、深入一线，抓细抓实群众工作，真正做到"案结事了、事心双解"。

一是围绕群众投诉不便的痛点，通过"数据多跑路"实现"群众少跑腿"。大力推行"智慧信访"新模式，打通网上信访服务群众的"最后一公里"，让群众更快捷、方便、经济地表达民意，反映问题，把网上群众路线落到实处。2020 年 1～11 月广东省电话和网络投诉已成为信访投诉的主要渠道，占总量的 94%，来访投诉比 2019 年同期下降了 31.3%。

二是围绕群众投诉无门的痛点，变"被动接访"为"主动服务"。坚持深入开展接访下访，耐心细致做好群众工作。针对发现的"骨头案""扬言案"等案件，第一时间组织力量赴现场调查处理督导督办，主动化解突出环境矛盾纠纷。

三是围绕"案结事未了"的痛点，变"程序终结"为"事心双解"。在群众反映突出、反复举报的矛盾攻坚工作中，以实体性解决问题为导向，通过多种手段对群众反映的问题因案施策，逐案攻坚，促进息诉罢访。如广州市着力解决颜乐天纪念中学、顺德美的"楼企相邻""楼路相近"信访矛盾，真正做到"案结事了、事心双解"。

5.2.2.5　降热点 创新应急处置机制

信访就是命令，面对突发重大信访问题，广东省生态环境厅急事急办、特事特办，让矛盾快速缓解，切实维护社会大局稳定。

一是降个案热点，快速受理。坚持易事快办、急事急办、特事特办、快接快办的工作要求，耐心细致妥善解决涉稳涉疫环境信访矛盾。对近期群众强烈反映汕尾市某村非法大量填埋医疗废物信访案件，广东省生态环境厅立即会同当地生态环境部门赶赴现场调查核实并向群众作解释沟通，确认填埋物为普通生活垃圾，及时排除疫情风险。

二是降类案热点，快速查处。坚持依法履职、人民利益至上、严厉打击违法犯罪的工作要求，推动行业遵纪守法。在深入分析研判惠州市群众反映某水泥厂长期废气偷排问题后，广东省生态环境厅在不打招呼、行程极其保密的情况下，两次对企业开展突击检查，破获企业废气在线监测数据造假严重违法行为，及时移送公安机关查处并作为典型案例在主要媒体曝光宣传，形成了强大震慑力，推动全省水泥行业及在线监测领域全面排查整改。

三是降区域热点，快速反馈。坚持"事情解决"与"群众满意"相结合的工作要求，切实解决群众反复投诉的突出生态环境问题。如广州某工业园区与周边小区居民环境信访矛盾纠纷，是一起典型的因"楼企相邻"引发的区域性废气扰民案件，在长期全面溯源排查、走航监测及锁定污染源基础上，组织当地依法关停搬迁 4 家废气排放企业并查处园区多家违法排污企业，区域环境质量得到明显改善，投诉热度迅速降温。

第6章 新时代广东省环境社会风险治理路径

6.1 新时代广东省"邻避"问题治理路径转型方向

加快推进全省环境社会治理体系与治理能力现代化，深入推动"邻避"问题从"管控"向"治理"转型、决策机制从"封闭"向"开放"转型、法律救济机制从"维稳"向"法治"转型、惠益共享从"单一经济"向"多元补偿"转型、风险沟通从"污名化"向"去污名化"转型、群众工作从"说服教育"到"政策营销"转型，系统构建政府为主导、企业为主体、社会组织和公众共同参与的共建共治共享的环境社会治理格局，是新时代新征程上广东省"邻避"问题环境社会治理工作继续走在全国前列的必由之路，是把广东省建设成为全国最安全稳定、最公平公正、法治环境最好的地区之一的重要手段，是适应社会形势发展和人民群众新期盼新要求的客观要求。

6.1.1 构建多元共治体系，从"管控"向"治理"转型

应对越来越趋于常态化的"邻避"事件，需要从传统的"管控"思维向"治理"思维转型。所谓"邻避"治理，是指在处理"邻避"事件时，摒弃传统的"政府单中心"式的解决模式，弱化强制性管控模式，遵循现代治理理念，推动地方政府、"邻避"设施建设运营方、地方公众、专家学者、环评机构、媒体代表（包括传统媒体、网络意见领袖、自媒体平台等）等多元主体协同共治，建设一个多元主体合作参与、各环节相互衔接、各部门相互协调的现代化"邻避"治理体系，构建一个动态、制度化、可持续的多元利益群体表达与协商机制，实现"邻避"设施建设中整体与局部、风险与收益的协调发展（王佃利等，2017）。

6.1.1.1 建立多元主体参与的框架体系

构建现代化"邻避"多元共治格局，需要建立一套政府与社会组织多元参与的框架体系，该体系一是要制定党和政府的领导责任机制。省级党委和政府对本地"邻避"治理负主体责任，市县党委和政府承担具体责任。政府要成为社会发展的合格引导者，要动员社会多方参与"邻避"治理的过程，引导社会各方认清自己的角色定位，明确其所肩负的责任。二是要制定企业的主体责任机制。企业要严格执行法律法规，依法公开主要污染物名称、排放方式、执法标准以及污染治理设施建设和运行情况，并接受社会监督。三是要制定市场参与机制。创新环保基础设施投融资方式，形成设施建设的多元化主体投资、多种技术互补并存和开放竞争的市场格局，形成公开透明、规范有序的环境治理市场环境。鼓励打破区域壁垒，跨区域共建共享环保基础设施。四是要制定全民行动机制。社会组织在"决策者–地方居民"的双向沟通与互动中发挥着重要作用，鼓励多种社会组织的成立和发展，支持多种类型的社会组织和居民共同参与，共同解决矛盾冲突。明确人民是治国理政的主体，搭建更多社会组织协商共治的参与渠道（王浦劬，2016），公众要理性地看待"邻避"设施，学会将自己关注的问题转换为政府议题。当面临地方政府未主动吸纳公共参与的情况时，能有序地在法律允许范围内理性地去表达诉求，做到与政府、企业等多元主体协同解决"邻避"冲突。在解决"邻避"冲突时，要根据不同的矛盾主体选择恰当的协商共治方案。当矛盾主体是企业与居民二者时，政府可与社会组织联手，以调停者的身份共同参与协商谈判。而当矛盾主体包括政府时，则需弱化政府的调解作用，同时引入社会组织等第三方力量参与调解，保障矛盾冲突中各主体间的平等地位，政府和居民等矛盾相关方各抒己见、充分表达立场，展开平等对话（刘彦昌和孙琼欢，2017）。

6.1.1.2 建立多元主体长效协同治理模式

为降低"邻避"冲突发生的风险、推动矛盾的妥善解决，需要建立政府与社会组织统筹协调的全过程协同治理模式。一个统筹协调的全过程协同治理模式，应包括事前宣传阶段、前期决策阶段、中期执行阶段、后期监督阶段四部分组成（陈亮，2019）。

1）事前宣传阶段：利用好政府、社会组织及媒体的宣传作用，向社会开展"邻避"设施建设的动员和宣传，提高居民认识、减少顾虑，争取民众对设施安全性的信任。除了传统上通过政府和媒体渠道发声以外，应鼓励社会组织参与到事前宣传中来，开展以社会组织自愿为主，适度进行政府购买环保教育的方式，利用环保组织、社区组织、学会等多种渠道开展宣传教育活动，提高全社会对"邻避"设施的认知，降低居民的抵触情绪。

2）前期决策阶段：开展协商谈判是开展前期决策的关键步骤，政府安排企业、居民、社会组织、专家等多元主体代表参与协商谈判形成共识（彭小兵，2016），保证决策过程的公开与透明。在决策阶段，社会组织还要做好信息传递的功能。一方面，社会组织应及时准确地将居民立场传递给涉事企业及政府；另一方面，社会组织应将政府和企业的观点和发布的信息公告及时传递给居民，对政府不能公开的信息进行解释，进一步保证了居民在"邻避"事件中的知情权和对"邻避"设施的认可度。

3）中期执行阶段：在"邻避"设施建设执行阶段，社会组织除了信息传递、沟通协商作用以外，还应对可能出现的施工污染、施工是否合法合规等问题起到客观公正的第三方监督作用。社会组织的监督作用可以促进"邻避"设施执行方案的持续优化，逐渐增强居民对设施的认可度。在设施建成投产前公示阶段，可利用社会组织及媒体等部门的传播能力扩大信息公告的影响力和传播力。

4）后期监督阶段："邻避"设施开始投产运行不意味着"邻避"冲突的终结，在这一阶段，政府和社会组织要广泛参与到监督过程中来，除政府部门的传统监管外，鼓励利用社会组织等第三方专业机构开展驻厂监管模式，或采用政府、居民代表、专家和项目运营单位四方共管模式，实施运营全周期、全过程、全方位共同监管，提高"邻避"设施运行过程中的透明度和安全性。

6.1.1.3 加强社会组织的协同治理能力建设

社会组织要在"邻避"冲突协同治理中发挥卓有成效的推动作用，就必须不断提高其协同治理的能力建设（陈亮，2019）。首先，政府应加强对社会组织的支持和引导，具体可在资金支持、教育支持等方面，对社会组织开展培育和支持引导工作。在资金支持方面，通过资金支持奖励制度和税收优惠减免制度等多种方式为社会组织提供资金帮助，如为参与"邻避"冲突协同治理的优秀社会组织提供资金援助，提升其参与的深入性和针对性，对表现较为优异的社会组织进行适当的税收减免政策，减轻社会组织在"邻避"冲突协同治理时的经济负担。其次，社会组织要加强自身能力建设，明确自身参与"邻避"冲突协同治理的战略规划和使命意识，通过完善组织队伍建设、开展组织内部教育培训工作、开展同行经验交流、吸引行业专家教授的加入等活动，提高组织的专业化程度和"邻避"冲突协同治理水平。同时要注重增强社会组织的社会影响力，进而增强全社会对社会组织的认可和支持，形成一种与全社会居民积极互动的良好氛围。

6.1.1.4 完善对社会组织的法律与制度保障

法律与制度手段是社会组织参与"邻避"冲突协同治理的有力保障，有助于多种社会组织的成立和发展，为社会组织参与"邻避"冲突协同治理创造条件。同时，法律和制度手段可明确社会组织在"邻避"冲突协同治理中的职责，对社会组织开展协同治理活动的广度和深度进行界定，这既是保障社会组织参与行为合法合理的一种约束方式，也是对社会组织开展协同治理活动的一种支持和指引。完善对社会组织明确权责细节的法律法规，应完善政策、法律上对于社会组织在协同治理中地位的定位，明确社会组织在协同治理中参政议政的空间，即社会组织可以在哪些背景下，以何种身份、何种手段开展协调工作，帮助社会组织参与行为的规范化和针对性，保障社会组织在参与协同治理中的合法地位不受侵犯，防止其他主体将社会组织恶意地排除在外。通过法律法规对参与细节的保障，防止出现社会组织无从参与的情况，推动政府与社会组织的深入合作。

6.1.2 构建民主决策机制，从"封闭"向"开放"转型

"邻避"冲突的治理困境与封闭的政治系统和决策机制密切相关。传统的自上而下的封闭决策将社会力量排斥在制度化的意见表达和决策参与之外，迫使公众转向非制度化的集体抗议行动，以表达自身的参与意愿与利益诉求。新时代"邻避"治理转型，意味着转变封闭式的"邻避"决策理念，从设施规划选址、决策论证、设计审批、施工建设到运营监督的全过程贯穿公众参与，推进开放式的民主决策模式。

6.1.2.1 建立现代民主协商制度

现代民主协商首先是一种制度理念，"邻避"设施的决策合法性将不再取决于"少数服从多数"的代议制决策模式，而是转向决策过程中对话机制和差

异化观点表达的充分程度，引导不同利益群体在政策议题上形成基础性共识。现代民主协商同时还是一种制度架构，其核心是建构制度化的对话平台和沟通机制，积极建立多元主体参与的共商共议、共建共享的社区共治机制，推行民主化的协商程序。基层组织通过"民主协商"的形式，坚持重大决策、民生项目事前征询机制，对协商议事的主题、地点、内容、程序、参加范围、民情反馈、督查落实等作出规定。建立协商联动机制，推进区级、街道、社区协商，对跨区域或跨街道的问题，由相关街道或区政府协调解决。同时要保障民主协商主体的广泛性，把协商范围覆盖到每个家庭，为社会各阶层提供协商机会。开放式的"邻避"决策系统将实现在决策全过程实现对社会力量的有效动员和吸纳。在民主协商过程中，政府与公众的关系面临着重塑，公众并非地方管理者所管制的政策客体与治理对象，相反是管理者在"邻避"冲突的治理伙伴（许敏，2015）。

6.1.2.2　搭建协商议事工作平台

推进基层协商民主建设，要积极搭建协商议事平台，营造开放、尊重、包容的治理文化。社区作为居民利益共同体和居民自治平台，应成为"邻避"冲突治理的重要平台。建设完善区、镇、街道、村级新型社区中心，使社区中心成为社区整合资源、反映群众诉求、解决群众问题的协商议事平台，从而形成以"街道党工委为领导核心、街道办事处为责任主体、社区委员会为协同载体、属地单位、社会组织、企业法人、社区各界人士等社区主体参与"的共治格局。通过社区代表会议、代表议事会、公共事务所听证会、社区监督委员会等制度，有序引导群众参与协商，逐步增强群众的协商意识，保障群众参与决策的权益，激发群众的参与热情。从具体操作层面讲，街道可以通过搭建党建联建平台、政社合作平台、居民自治平台等形式，为社区各类主体参与共治提供保障和支持（王佃利和王庆歌，2015）。

6.1.2.3　吸纳公众参与决策过程

研究认为，"邻避"冲突中公众对"邻避"设施的"不安全"及对政府与建设企业的"不信任"的背后大多数是对政府决策"不公正"的质疑与抗议。可以说，引发"邻避"冲突的不是设施本身，而是决策的过程（刘冰，2016）。因此，在"邻避"设施建设过程中，政府应尽早启动公众参与，将"邻避"冲突的诱因扼杀在潜伏阶段。在决策立项之初就应该建立民意表达机制，搭建公众协商对话的平台，让利益相关者参与到规划选址、设计审批、施工建设、运营监督等全过程的决策过程中，让公众都能平等有效地表达自身利益诉求，确保政府治理的"透明性"。政府可以通过市民说明会、讨论会、意见听取会、专家咨询制度等形式提升现实公众的决策参与度，确保每个参与者能便捷高效地查阅到相关"邻避"设施兴建的所有决策信息，包括"邻避"设施的选址位置、建设单位的技术与管理水平、设施可能带来负外部性的程度与范围、国内外"邻避"设施的实践结果、补偿方案等。公众充分参与决策既能缓解因信息不对称引起的恐慌愤怒的情绪，也能更加信任和支持政府的决策。

6.1.2.4 吸纳公众参与环评监督

"邻避"设施在建设之前的环评工作是评定其是否可建的基本依据，也是决定公众是否可接受的前提条件。但由于有些地方的环评工作流于形式，甚至是在公布环评合格后项目又出现问题，公众对"邻避"设施的环评结果失去了信任。要避免这种因环评工作不达标被公众质疑进而被公众的运动所牵制的境况，就要让公众切实参与到环评工作中来，以此来提高环评工作的"透明性"与"回应性"。政府可以构建第三方监管机制，成立公众监管委员会，政府与建设单位合力定期对项目附近的居民进行项目知识讲解与培训，提高公众自我监管的能力与素养。监管委员会通过公示栏定期向公众展示"邻避"项目环评结果，并把公众的意见和建议反馈到下一次环评工作中。只有这样才能强化公众对于政府部门客观、理性进行环评工作的角色认知，一旦发生"邻避"效应，政府在解决部分公众非理性的情绪与冲突时才更有话语权与说服力。

6.1.3 构建法律救济机制，从"维稳"向"法治"转型

当前，"邻避"设施建设陷入"封闭决策—公众反抗—政府压制—冲突升级—停建妥协"的怪圈背后是地方政府的维稳式"邻避"治理思维，源自社会刚性稳定的治理目标。在全面依法治国的新时代，"邻避"冲突治理，要从传统的"维稳式刚性"模式向"法治化韧性"模式转变，通过立法确立公众参与、信息公开、利益协商、选址程序、冲突解决等规则与制度体系，确保"邻避"设施的建设过程中的每一步骤都有法可依，政府、企业与居民等多方利益相关者能够通过法律制度的形式实现良性互动和合作治理。

6.1.3.1　确定"邻避"冲突法治化理念

法治的治理思维的内涵是政府职能的转变,其主要强调政府要明确其与企业、公民之间的关系,减少政府对市场行为和公民权利的直接干预,依据法律行使自己的权力,由扩张性的全能型政府转变为克制性的服务型政府。目前,地方政府应对"邻避"冲突主要采取压制式的治理思维,认为只要压制公众的反抗,做好表面上的"维稳"工作就万事大吉,为此不惜出动警察,最后无法收场时便拿出最后的底牌——停建妥协。但在该种治理思维指导下所建立的社会秩序实际上是一种刚性的稳定,以极高的行政成本和巨大的资源浪费为代价所建立的表面的稳定却充满风险。法治思维要求行政机关尊重相对人参与利益相关事务的主体地位,依法行政,不越权干涉"邻避"设施的建设行为,保持中立地位和服务态度,以法治观念、法治思维看待"邻避"冲突,预防"邻避"冲突、治理"邻避"冲突。

6.1.3.2　完善"邻避"设施选址的法律

只有在"邻避"冲突的源头,即"邻避"设施的选址上进行法治化与规范化,才能从根本上减少"邻避"冲突。当前,我国"邻避"设施选址上位法严重不足,广东省应加快完善制定"邻避"设施选址地方性法规和行政规章,对"邻避"设施选址规划的标准、程序、各有关争议当事人在其中的法律地位、开发者与当地居民之间的关系、利益补偿、冲突解决等内容都进行明确的规定和细化。立法选址应体现出事前的预防机制、事中的管制机制和事后的救济机制,一方面,需要规定"邻避"项目选址应遵循的基本要求,将社会的需求和对周边环境与公众健康的影响作为"邻避"项目选址的决定性因素,以及如果产生影响的补救措施,并对这些因素加以明确,避免行政机关自由裁量权的滥用;另一方面,也需要对抵制"邻避"设施选址行为加以规范,规定公众不能阻止符合法律规定的"邻避"设施的兴建,以满足社会的基本需求。立法选址的具体内容应明确"邻避"设施选址的决定因素、"邻避"项目选址的决策程序、"邻避"项目选址的争议解决、"邻避"项目选址决定的执行等。

6.1.3.3　完善公众参与的法制保障

健全的公众参与机制是"邻避"冲突治理的前提,这样才能保证决策结构的权威性。在依法治国的背景下,公众参与要在法治的基础上展开,我们应当以法律条文对公众参与做出细化的规定，要用法律的形式保障公民参与的权益。首先，合理扩大公众参与的强制适用范围，在"邻避"设施建设中，项目规划选址、决策论证、设计审批、环评稳评、施工建设和运行监督等全过程，都必须有公众的参与，要注重法律的可行性、具体性，避免泛化（李艳洁和李宾，2013）。其次，要明确公众参与的形式和具体程序。公众参与的形式，除了问卷调查、论证会、听证会等常见的方式外，可以采取实地访谈，安排相关人员每家每户进行收集意见和安抚（何艳玲，2014）。最后，在"邻避"设施选址和兴建过程中，要明确公众参与的关键内容、参与的程度，使公众参与落到实处，具有可操作性（董正爱和刘豆，2016）。

6.1.3.4 完善"邻避"冲突司法救济渠道

完善法律救济机制是以法律的强制力从根本上匡正解决"邻避"冲突事件的体系，提高公众发言畅通的可能性与政府治理的规范性。通过提供制度化的解决方案，可以减少公众通过示威游行等非理性手段表达自己意愿的可能性。完善法律救济机制就要明确不同主体即公民、建设单位与政府在"邻避"事件中的权利与义务。首先，引导公民明晰自身在"邻避"项目建设中拥有何种权益，形成依靠法律维权的习惯。其次，要将建设单位在"邻避"项目建设方面的技术水平、排污标准以及企业诚信等呈现在法律条文中，严格规范建设单位的行为并要求建设单位为公众接纳"邻避"项目的建设提供可靠性依据。同时，细化法律规定中对于建设单位需要给予附近居民的经济赔偿与环境赔偿等规定，防范一些居民向建设单位漫天要价的不合理现象发生。此外，法律需明确政府在预防与解决"邻避"事件整个过程的行为落实到具体步骤、具体负责部门，提高法律规定的可操作性。发生"邻避"冲突后，各方都应用法定方式来获得救济，包括受"邻避"项目影响的公众的救济，也包括"邻避"项目开发者的救济。针对"邻避"设施立项、选址、建设存在的一些违规程序时，例如缺少环评报告、缺少项目公示、缺少公众参与等，要建立"邻避"设施建设的行为保全制度，公民可以对违规的决策行为提起诉讼，申请暂停建设"邻避"设施，设施建设企业应当在暂停期间依据法律规定完善相关手续，公示相关信息。当开发者认为项目合法合规，但公众抵制项目建设，开发者可以向法院起诉，并获取法律的支持。

6.1.4 构建惠益共享机制，从"单一经济"向"多元补偿"转型

惠益共享机制的作用主要是利用经济杠杆调节不同利益相关方在涉环保"邻避"项目成本承担上的分担，以解决目前成本分担上的外部不平衡性，建立合理的惠益共享机制在一定程度上可以有效避免"邻避"冲突的发生。但在实践中发现，单一的经济补偿不仅难以满足设施所在地居民的需求，更会催生"邻避"冲突中"搭便车"的现象，特别是以金钱补偿或回馈的方式，已被视为出卖环境权的贿赂行为，单靠金钱回馈无法赢得民心，也容易为回馈金额多寡引起新的争端。实现正义导向的"邻避"设施规划，需要在规划中将单一的经济化补偿向多元化补偿方案转变，在"邻避"规划中凸显空间的正义性，变"邻避"设施为"邻利"设施，变"邻避"效应为"迎臂效应"。

6.1.4.1 惠益共享机制的原则

1）"谁受益谁补偿、谁影响谁受偿"原则。涉环保"邻避"设施为部分人提供了服务，受服务的人应当承担补偿责任。同时设施周边群众受到负面效应的影响，应该得到其他利益相关者的补偿。

2）公平公正原则。受益大于付出的地区做出补偿，付出大于收益的地区接受补偿。

3）动态调整原则。涉环保"邻避"项目惠益共享标准随着社会经济发展的变化，应开展周期性检讨评估，调整后滚动实施，确保惠益共享政策发挥对"邻避"设施的环境友好共建促进效果。

4）协调、互助原则。惠益共享政策从经济角度上解决了环境负外部性问题，但是对于实现"邻避"设施的环境友好共建这一目标，惠益共享机制不是包治百病的神药，应积极与其他机制相配合、协调。

5）设施周围居民惠益共享方案"差异化"实施。"邻避"设施周围居民所受设施的负效应是不均匀的，如果采用均一化的方案，将会出现不公平的结果，因此，在对设施周边居民制定惠益共享方案时，应采用差异化标准，对设施周边居民的不良影响进行核实并划分不同等级，根据不良影响等级核定对应的惠益共享方案。

6.1.4.2　开展公众受偿意愿评估

"邻避"项目对周边居民的影响主要为环境风险、健康风险、经济损失（包括土地贬值和收入降低）和心理嫌弃。据调查，随着不同"邻避"项目对公众的影响因素不同，以及周边公众的性别、职业、受教育程序的不同，公众对利益补偿的受偿意愿以及利益补偿对公众"邻避"情结的减缓效果出现较大的区别。在设计惠益共享和利益补偿方案时，首先要对公众受偿意愿进行评估。

一般来说，涉核、危险废物处理等环境健康风险类项目，公众倾向零受偿意愿，即设施周边居民认为无论是多少额度的经济补偿，亦无法弥补自身由于项目建设、运营可能遭受的损失，对于这类项目，利益补偿对公众"邻避"情结的减缓效果不大。项目主体应强化技术与设备的提升、环境保护管理的加强以及对周边影响范围内（1千米内）居民的搬迁。而生活垃圾处理、污水污泥处理处置以及交通等经济损失类和心理嫌弃类项目，公众倾向非零受偿意愿，即设施周边居民愿意接受一定的补偿来平衡自己的经济损失，对于这类项目，利益补偿对公众"邻避"情结的减缓效果明显。

6.1.4.3　惠益共享机制的回馈程序

（1）回馈主体与受体

项目利益回馈的主体为政府和建设运营企业，回馈的客体为项目周边一定范围内受到项目负影响的人，一般是项目所在街道的原住居民、户籍居民。

（2）回馈时限

涉环保"邻避"项目的回馈时限确定在项目建成投产之日起到项目终结为止作为回馈期间。但利益回馈设计工作应从项目规划编制之初开始启动，全程贯穿于项目规划、选址、建设、运营阶段，各阶段回馈方案与项目建设进程同步施行。

（3）回馈形式

回馈形式有货币补偿模式、政策补偿模式、生态补偿模式、空间补偿模式、就业补偿模式、入股补偿模式、社会保障补偿模式以及兴建公共设施等惠民公共服务模式。

6.1.4.4　惠益共享机制的多元方案

在"邻避"项目推进过程中，各级党委、政府要因地制宜地探索各项"惠邻"措施并建立长效保障机制,引入第三方评估机制和平台,确定受损群体利益损失补偿的标准,保证利益损失补偿结果的客观、科学。要把回馈方案作为确保项目稳妥顺利建设的重要前置性工作来抓。回馈方案有货币补偿模式、政策补偿模式、生态补偿模式、空间补偿模式、就业补偿模式、入股补偿模式、社会保障补偿模式、兴建惠民公共设施以及乡村振兴工程等模式。

(1) 货币补偿模式

1) 政府和项目运营单位以垃圾、污泥或殡葬处理补贴费的形式支付给项目所在街道的原住户、户籍居民。补贴标准参考某地的形式,按照 75 元/吨计。

2) 参照某地货币补偿模式,即定额指标内垃圾处理补偿按 75 元/吨、渗滤液处理补偿按 200 元/吨;超过定额指标 10%(不含)以内的,标准上浮 10%(分别为 82.5 元/吨、220 元/吨);超过定额指标 10%(含)~ 20%(不含)的,标准上浮 20%(分别为 90 元/吨、240 元/吨),以此类推。

3) 每年度补偿标准的极限值,可以按照下列公式加以计算:年补偿额度 =(参照附近城镇居民人均可支配收入–涉环保"邻避"项目附近居民人均可支配收入)×垃圾处理厂 1 千米范围内居民人口。

4) 政府为"邻避"项目所在街道提供专项资金用于项目周边的绿化工程及其他经批准的环境治理项目。

(2) 政策补偿模式

1) 出台《广东省涉环保"邻避"项目区域生态补偿暂行办法》及实施细则。

2) 政府在工业用地和宅基地用地指标上给予项目所在地一定的倾斜,应提供土地补偿指标或补偿系数。

(3) 空间补偿模式

在"邻避"设施规划建设时,同时在周边规划建设具有显著正外部效益的"邻利"设施,为设施周边居民提供所需的高质量公共服务。如建设健身房、图书馆、小型游乐中心、恒温游泳馆、球场等设施,供当地居民免费或优惠使用,为项目所在街道修建公路等,以及为所在镇村发展乡村振兴工程。在规划方案选择上,还可以考虑空间置换,将"邻避"设施建在决策者居住的空间附近,或将决策者办公地或住宅迁至"邻避"设施附近,可以保证设施运营的安全性和环保性,化解公民的"邻避"情结。

(4) 生态补偿模式

在设施规划中,对"邻避"设施所在地进行环境改造和生态恢复,通过健康、绿色、美丽、安全的景观塑造，改变"邻避"设施周边的生态环境，如通过在设施周边规划绿化带、围墙等空间景观。

（5）就业补偿模式

项目运营单位要向项目周边居民引入用工方案，提供一定比例的就业机会，可参照广州经验，录用当地居民的人数达到基层员工80%以上。

（6）入股补偿模式

让涉环保"邻避"项目所在街道的原住户、户籍居民以土地使用权入股项目，用取得的收益平衡其可能遭受的经济损失和环境风险。

（7）社会保障补偿模式

将项目所在街道的原住户、户籍居民纳入社会保障体系，为其缴纳医保、城乡居民一体化养老保险，有利于解决周边居民的后顾之忧，这是现在被广泛推崇的补偿模式。

（8）其他实物补偿模式

1）每年定期对生活垃圾终端处理项目周边群众进行免费体检。

2）为项目周边居民实施优惠供水、供电、供热以及减免土地相关税赋。

3）每年逢年过节均组织慰问所在街道民民，给满60周岁老人发放慰问金、进行春节团拜等。

4）项目开发方和运营方要为"邻避"项目周围1千米范围内的不动产提供保险，防止因项目带来房产的贬值。保险方案中，房屋主体保险金额由第三方机构进行评估，同时适当延长保险索赔时效性。

5）政府和项目单位积极租赁"邻避"项目所在街道的物业。

6.1.5 构建风险沟通机制，从"污名化"向"去污名化"转型

在"邻避"冲突中，民众与政府由于认知偏差的存在，形成了互为污名化的现象。在日益频发的"邻避"事件、铺天盖地的媒体报道中，公众将将政府立于公共利益的对立面，将"邻避"设施视作对自身权益和公共利益的损害，对风险感知进行传播和放大，从而引起过度反应。地方政府将公众的反对行为塑造为"自私、非专业"的典型，将"邻避"效应视作影响政策推行和职能履行的社会阻力，通过单向灌输、舆论强攻、警力威慑等策略最终导致沟通失范。传统的"邻避"治理困境表明，重构政府、企业与公众之间的风险沟通机制，去

"污名化"是现代"邻避"治理理念转型的前提和基础。

6.1.5.1　重构风险沟通的信任共同体

"邻避"冲突中风险沟通认知偏差形成的原因就在于政府、企业、专家的公信力不足。风险沟通应将公民视为合作伙伴，始终秉承权力共享、信息公开、公平对等、诚意沟通的原则，通过平等、自由、开放的对话来促进彼此理解和信任。在"邻避"治理中，政府要积极搭建有利于利益相关方定期沟通、平等对话、全过程参与的协商平台或圆桌对话机制，建立各方参与对话的制度，通过沟通与对话，畅通公民的知情权、举报权、建议权、质询权，以公开透明的决策程序，帮助政府和公众形成更加客观、全面、真实的风险认知，让公民参与环境风险项目决策并增强彼此信任度。风险沟通要消除公众对"邻避"设施的恐惧心理，通过组织居民实地参观、与专家面对面交流、允许居民自带仪器测试环境指污染标，将居民主观的风险想象，转化为真切的风险感知。政府和企业要将风险信息从法定公开向全程公开转变，将科普宣传从应急式向常态化转变，将"邻避"设施相关的科学常识嵌入公民认知体系，通过对话协商和良性互动赢得公民的长期信任，建立起"邻避"冲突中相关利益方对话协商、共建共享、合作共赢的氛围。

6.1.5.2　发挥媒体在风险沟通中的引导性

媒体是"邻避"风险信息的主要传播者，也有可能是"邻避"风险的制造者。在"邻避"治理中，媒体又分为主流媒体和大众媒体，主流媒体要充分体现舆论引导的主体的地位，要建立高效的网络舆论回应机制，要注意把握好网上舆论引导的时、度、效。第一时间抢占舆论高地，在舆情处置的黄金时段里及时发声，引导舆论的正确走向，让网络谣言无可乘之机。同时把握回应的广度和精度，广度是指及时公开相关信息，满足不同层次社会群体的信息需求，有效遏制谣言，精度是不仅要回应舆论焦点问题，还应该主动回应公众应知而未知的盲点问题。最后真正做到有效回应，遵循网络传播规律，借助互联网平台，运用网友能接受的语言，引导舆论朝着健康方向发展。大众媒体应该发挥"社会公器"的作用，而不是为了追求新闻效应，成为舆论的煽动者。大众媒体应成为公众提供表达意愿和利益诉求的平台，以公众的议程影响政府的决策议程。大众媒体也要保持客观的立场，起到环境和风险监督反馈的功能，从而使公众参与成为一个持续的过程。

6.1.5.3 加强专家在风险沟通中的权威性

专家是政府和公众之间风险沟通的重要媒介。专家掌握着稀缺的专业知识和技术，形成了知识权威。但专业知识在现代决策中应该是一种政治资源和公共资源，要在社会中形成专业知识的可学习性和易获得性，激励更多专家参与到风险沟通中，担当起科学知识的传播者作用，提供准确和权威的信息，提升整个社会的科学素养。随着社交媒体不断渗透整个风险沟通环节，专家传播科学知识可不限于传统媒体，可在社交媒体上搭建一个风险沟通平台，组建专家共同体（包括科学家、科技记者、主管科技的官方以及爱好科技的普通公众）进行科学传播，引入并激励科学传播的诸多领域专家共同参与到风险信息的建构过程，明确专家角色与定位，设置对话规则与沟通机制，专家之间就风险议题进行公平、平等的辩论与对话，了解与理解对方的话语意义与立场，寻找一种协商性的解决方案。专家共同体通过多方对话与辩论形成观点汇聚与意见集市，公众可完整了解风险议题的来龙去脉而更好地理解真实风险，由此增加公众对专家的信任度，还原科学与风险本来面目。

6.1.5.4 风险沟通的全过程策略

在进行"邻避"风险沟通时，要充分考虑"邻避"发展阶段、风险波及范围、公民心理等因素。"邻避"事件一般经历酝酿、扩散、激化、平息四个阶段。

在事件酝酿育阶段，"邻避"设施周边居民由于担心环境风险而产生"邻避"情结，虽想抗争但无人组织，尚未引起媒体报道和社会关注，是风险沟通介入的最佳时机。此时地方政府和企业可以广泛收集居民意见，分析不同主体的利益诉求，按照居民文化程度、距离项目远近、参与抗争意向等进行群体细分，据此制定风险沟通策略。

在事件扩散阶段，有些居民可能会上访、静坐或游行示威，从而引起媒体报道和社会关注。此时是风险沟通介入的关键节点，地方政府和企业可以主动传递项目信息，积极开展沟通交流，鼓励居民参与决策，特别要找准沟通对象，争取关键少数，使之发挥风险沟通的辐射作用。

在事件激化阶段，居民从众心理、法不责众心理、利益受到剥夺心理的相互叠加，群体过激行为一触即发，轻则堵塞交通，重则暴力活动。此时风险沟通虽然失效，但地方政府和企业还是要以合作而非对抗的方式，疏导居民情绪，开展对话协商，满足合理利益诉求，防止事态继续恶化。

在事件平息阶段，虽然人群散去，但风险并未消除，而是蛰伏起来，一旦受到新的刺激，群体性事件还会再度发生。此时应当针对事件的不确定性，开启新一轮的风险沟通。杭州市中泰垃圾焚烧发电项目，2014 年因周边居民群体抵制而停建，2017 年又在原址重新启动。3 年以来，居民对这一项目的看法彻底改变，从"污染项目"到惠民工程，从坚决反对到热情支持，说明地方政府和企业开启新一轮风险沟通收到良好效果。

6.1.6 构建新型群众工作机制，从"说服教育"到"政策营销"转型

当前因"邻避"设施建设所引发的公众抗议，实质是公众对政府兴建"邻避"设施的"政策不服从"（王佃利，2017）。这种"政策不服从"与政府强制性的政策推行密切相关。化解"邻避"冲突，除了优化政策制定之外，通过构建新型群众工作机制，推行更易于被民众所接受的柔性的非强制性的政策营销手段，取代传统的刚性说服教育，增进政策主体（政府）和政策客体（民众）之间的沟通交流，加强公众对政策的理解与信任，促进公共政策与社会需求的互配，增加政策执行的成功几率，达成为公众谋福利的最终目标。

6.1.6.1 政策营销的价值理念

现行的"刚性维稳"的"邻避"冲突治理模式依赖自上而下的政治动员和行政权威，引发了公共政策产品与所在地公众需求的脱节，导致了公众的排斥态度，给公共政策的顺利实施造成了障碍。这就需要转变"刚性"的说服教育式的政策推广理念，要求政府转变职能，建立全面的"服务型政府"，以"顾客（公众）"为导向，将公共政策视为对公众的服务，适当采用多元的政策营销手段，以最少的强制手段推广及执行公共政策，实现最多的受众支持度。政策营销的主体是政府机关及其工作人员，政策营销者应从"顾客"的立场和需求出发进行整个政策制定和营销活动，顾客的满意度是其营销效果的最重要标准（陈晓运和张婷婷，2015）。第一，政策营销者应建立健全公开透明的信息发布机制，基于多方平台，定期发布信息，向社会通报"邻避"项目的具体情况；第二，建立协商对话机制，通过民主恳谈会、座谈会、发布会、听证会以及网络平台等方式，同"邻避"项目政策相关方进行公开的协商对话，促进"邻避"项目决策方、建设方、运营方、媒体方、非营利第三方、地方公众等利益相关方协商对

话，保证参与人员的全面性与代表性，实现决策的民主性；第三，要为利益相关者建立公平的利益协调机制，提供利益表达的平台，使合理利益诉求得以表达，减少"邻避"项目利益相关者之间的不公平感。第四，还要借助现代化的沟通技术手段进行政策营销，利用政府官网、微信公众号、政务微博等平台发布公众急需的权威决策信息，实现"邻避"项目决策的公开化和透明化。最后，在"邻避"项目政策决策的动议、制定、执行以及评估各个阶段都要坚持法治观念（何炜，2018）。

6.1.6.2 提升政策营销的宣传引导工作

"邻避"项目启动前，各相关部门就要统筹制作工程项目的科普公益宣传片，充分利用报刊、广播、电视、新媒体等各种媒体和传播手段滚动播放，用权威的平台和主流媒体开展全方位、多渠道、常态化地宣传教育，增进公众对项目的理解和信任。同时，要积极宣传项目依法依规建设的程序、环节、依据、标准、补偿政策以及公众参与的路径与诉求表达渠道等，增进公众对项目建设的合法性了解，引导群众理性表达意见诉求。各级党委、政府要发挥党员干部先锋模范作用，深入基层一线，运用群众听得懂的语言、信得过的方式，走村入户，以群众利益为导向，以改善民生为基点，发挥乡贤等群体的作用，带动乡里"亲邻"主动参与，将服务群众"最后一公里"落实到实处，让群众看到政府帮助解决问题的诚意。

6.1.6.3 建立与营销对象的"伙伴"关系

在对"邻避"项目政策营销过程中，既要确保政府的主导地位，又要加强"社会管理创新"，打造社会协同治理平台，充分保障社会力量的政策参与权益，最终建成"强政府-强社会"的理想格局。使社会力量成为政府进行"政策营销"战略合作伙伴（谭翀，2015）。首先，应注重政府品牌建设，提升政府的公信力，打造成诚信政府、责任政府、法治政府、有限政府、廉洁政府，赢得营销"伙伴"与民众的信赖。其次，通过制度化的手段将社会组织纳入公共政策过程和政策营销的体系，通过指导和规范其行动，为政府的"邻避"项目政策营销提供强大的资源和动力支持。同时，政府与社会组织在政策营销中的协同合作还可以遏制政府权力系统的封闭性和集中性，提高政策营销的科学性和民主性，培育成熟的政策网络。最后，与营销伙伴建立制度化的合作衔接机制。在对"邻避"项目政策营销过程中，政府、非营利组织、企业等组织要在政策网络的框架下进行组织体系和管理规范的对接，在现有的制度化沟通渠道的基础上不断拓展新的合作平台，构建一个以政府部门为轴心，各种非政府组织、企业、基层群众自治组织为侧翼的政策网络，通过建立责任包干、信息公开、听证调解、定期协商等工作制度，建立步调一致的政策营销管理体系（谭翀，2013）。

6.1.6.4 培育优秀的政策营销"企业家"

政策企业家在政策营销过程中扮演着非常重要的角色，在"邻避"项目政策营销过程中扮演了推动者、执行者和领导者等角色。但是在"邻避"项目决策过程中，由于公共部门绩效考核导向的偏差导致政策企业家稀缺。这就需要完善考核与激励机制，培育兼具公益性和创新性的政策企业家。在公务员晋升方面，要打破传统的以经济建设为标准的公职人员考核晋升机制，使公务员尤其是领导者有足够的动力进行政策营销。在公务员考核方面，把社会进步、生态文明和民生改善等指标作为公务员考核的主要内容，既要注重上级领导的考核，又要引入"顾客"的考核，还要将人大代表、非营利组织和新闻媒体等纳入考核体系，构建以服务"顾客"为导向的多元考核机制，强调在完成工作任务的情况下，鼓励各种形式的创新，让有能力的政策企业家大胆地对公共政策和政策动员机制进行创新。引导政府领导者在制定"邻避"项目政策时主动与多元考核主体进行沟通和开展政策营销（谭翀，2015）。

6.2 新时代广东省环境信访矛盾治理路径转型方向

信访投诉是群众参加社会治理的重要途径，是发现群众身边突出生态环境问题的主要渠道之一，是解决群众身边突出生态环境问题的有力抓手。广东省环境信访矛盾治理，要进一步准确把握新发展阶段对于环境信访工作的定位，深入贯彻新发展理念，坚持以人民为中心的发展理念，创新和完善生态环境信访投诉工作机制，加快构建广东省环境信访矛盾治理新发展格局，努力将"矛盾化解"与"服务大局"相结合，推动"个案解决"向"整体改善"转变，将"高位推动"与"机制健全"相结合，推动"被动处访"向"主动服务"转变，将"借势借力"与"借脑借智"相结合，推动从"小环保"向"大环保"转变，全方位探索推进环境信访治理体系和治理能力现代化，助力深入打好污染防治攻坚战，不断满足人民日益增长的优美生态环境需要。

6.2.1 将"矛盾化解"与"服务大局"相结合，推动"个案解决"向"整体改善"转变

环境信访作为服务生态环境保护工作的重要"信息源"，也是检验生态文明建设成效的"试金石"，要深挖信访"金矿"，通过解决好群众反映的突出生态环境问题，带动区域环境质量整体向好和产业结构转型升级，以高质量的信访工作服务全省经济社会高质量发展。

6.2.1.1 牢固树立生态文明理念

习近平总书记在 2020 年的全国两会上指出，要保持加强生态文明建设的战略定力，坚持走生态优先、绿色发展的高质量发展新路子。各级生态环境部门要深入学习贯彻习近平生态文明思想，夯实生态环境保护政治责任，以生态环境信访举报为窗口，排查本地突出环境问题和群众关切所向，坚持预防为主、保护优先、分类管理、风险管控、污染担责、公众参与的原则，加强分析研判，提出针对性化解措施，力争环境信访举报控增减存，扭转环境信访举报投诉高速增长势头，为打好打胜污染防治攻坚战提供有力支撑，不断满足人民群众日益增长的优美生态环境需求。

6.2.1.2 化解信访矛盾与区域发展相结合

群众反映的环境信访信息是生态环境部门的"千里眼"和"顺风耳"，要认真梳理群众反映强烈的典型突出环境问题，以点带面地挖掘背后的区域性、系统性综合问题。将化解信访矛盾与区域发展相结合，通过解决群众身边突出的生态环境问题，从"点"状治理转变为系统性治理，对环境信访投诉严重的地区，以环保整治为契机，推动产业、企业的去芜存菁、转型升级，清退落后产能企业，引入优质企业，向更具经济效益和环保效益的产业转型，扭转"小、散、乱"顽疾，进而实现区域的"腾笼换鸟"，将信访成果高效转化为污染防治攻坚成果，共同推动区域环境质量整体改善，实现产业结构升级改造和经济社会高质量发展。

6.2.2 将"高位推动"与"机制健全"相结合，推动"被动处访"向"主动服务"转变

环境信访工作是党和政府联系群众的桥梁和纽带，要坚持把信访工作作为了解民情、集中民智、维护民利、凝聚民心的一项重要工作，坚持高位推进，建立上下互动、规范统一的解决群众身边突出生态环境问题工作机制，要以"事情解决、群众满意"作为工作核心要求，推动从"程序终结"向"群众满意"转变，"被动处访"向"主动服务"转变。

6.2.2.1 加强组织领导

组建环境信访工作领导小组，严格落实《广东省直机关有关部门生态环境保护责任清单》，厘清环境信访领导责任和岗位责任，同时选配环境信访工作联络员，深入一线，"四下基层"，做好调查研究，切实做好环境信访工作，结合信访情况分析，督促各地针对主要环境问题开展专项整治，并对整治工作督查督办。

6.2.2.2 完善信访工作机制

对接国家和省对新时期信访工作的部署和要求，进一步修订完善信访工作机制，提高信访工作法治化、专业化水平。落实"首问责任制""首办责任制""领导接访制""领导包案制""信访考核制""依法分类处理信访问题""矛盾纠纷化解攻坚专项行动"等行之有效的制度，将环境问题解决在早、解决在小。相关部门特别是生态环境部门办理环境信访事项要有可闭环的环境信访办理程序制度，受理、转办、调处、答复、反馈、后监察环环相扣，形成闭环。同时，督办问责、信息公开、回访等工作机制完善到位。完善环保监督和举报反馈机制。充分发挥"12369"环保举报热线、环境信访窗口、舆情监控、政务网站作用，畅通环保监督及诉求表达渠道。加强舆论监督机制，鼓励新闻媒体对各类破坏生态环境问题、突发环境事件、环境违法行为进行曝光。鼓励大型企业、工业园区管委会建立环境保护监督互动机制，构建"企群环境直通车"平台，形成企群就身边环境问题直接交流、互通、快速排查机制，协助环境行政执法，节约行政资源和管控成本。

6.2.2.3　完善源头预防机制

指导督促各级政府部门深刻认识规划不当将产生巨大社会综合成本损耗，借鉴广东省或其他省市先发展城市经验，在新区开发、"三旧改造"方案环境保护章节中增加环境质量变化和环境维稳成本分析，从城市持续性发展战略高度总体把握，提前规划城市基础设施建设用地和缓冲空间设置，提出控地等要求。发改、自然资源、规划、工信、住建、交通、生态环境等相关部门在用地规划、项目选址、审批、验收和建筑物功能设计等环节严格把关，科学评估环境影响，多规合一，合理布局，严格准入，防止工业、基础交通设施与居住环境功能交叉错位，从源头防控"楼企、楼路、楼铺"相近等环境矛盾纠纷产生。

6.2.2.4　健全信访法治建设

应尽早制定出台广东省环境信访的法律规范，依法确定信访职能边界，明确信访制度和司法救济制度以及行政救济制度的界限，提炼和固化出一些工作规范，如什么是依法信访、非法信访，信访渠道及具体实施程序，信访过程中对行政违法方的行政处罚标准和内容，等等。实行行政救济制度和司法制度与信访制度的分离，将信访制度改造为司法和行政救济渠道的过滤机制、补充机制和疑难处理机制，即对于属于审判、仲裁等制度主管范围内的案件，应当设置司法前置程序努力引导当事人首先通过司法或行政渠道来解决问题（沈庆春，2018）。只有穷尽已有的救济渠道时，才将事件纳入信访体系之中。只有尽快推动信访法治化，才有利于建立维护良好的信访秩序，实现信访及环境信访渠道畅通。坚持依法解决合理诉求和依法治访相结合，坚持保护群众环境权益与保护企业合法经营权相结合。引导信访人进入民事诉讼等司法救济渠道，理清权利义务，落实各方责任，有效缓解过度维权心态，依法定纷止争（高丽颖，2011）。

6.2.3　将"借势借力"与"借脑借智"相结合，推动"小环保"向"大环保"转变

环境信访的解决是一个涉及多部门、多学科、多手段的工作，要积极借势借力、借脑借智，强化部门联动攻坚，进一步健全联合执法机制，建立"大信访"工作格局，形成统一领导、部门协调、各负其责、齐抓共管的合力，构建广泛的生态环境保护统一战线，从"小环保"向"大环保"转变。

6.2.3.1 健全部门联动机制

建立环境信访工作联席会议制度，健全综合联动机制。环境信访问题归根结底不单单是生态环境部门的事情，其中更涉及水务、住建、食药、执法、工信等多个部门，通过设立联席会议制度，形成共治格局，明确部门工作职责，充分发挥职能部门的作用，压缩执法真空地带，各负其责各尽其职，共同推进环境信访投诉的预防和化解工作。建立属地政府负总责、各职能部门齐抓共管、社会各界共同参与的环保共治格局，以信访工作联席会议制度为平台，建立多部门联合化解、联合执法机制，形成合力化解环境矛盾纠纷。以机构改革为契机，厘清职责界限，落实各级党委政府和相关职能部门生态环境保护责任（谢国民，2017）。

6.2.3.2 加强基层信访队伍建设

配置信访工作专职人员，加强信访工作人员专业化建设，全面提升政策运用能力、防控风险能力、群众工作能力、科技应用能力、舆论引导能力。信访机构应适时的调整人员结构，多选聘一些高学历、专业性强，责任心强的青年人充实到基层的信访干部队伍中去，优化基层信访工作人员结构（曹梅，2010）。增配法律专业、群众工作经验丰富以及熟悉各项基层工作的综合性工作人员。考虑到基层的实际，可以和综治、司法、法律援助中心等部门建立联合办公机制，借用其工作人员到信访部门坐班。组织信访基础业务知识培训和法律法规知识培训，加强信访工作人员法律知识、接访水平、心理知识、计算机网络操作等专业技能学习，有意识的加大对信访业务骨干的培训密度和力度，提高信访干部解决信访问题综合素质（卢爱琴，2017）。

6.2.3.3 加强环境信访信息化建设

全面推进阳光信访，用信息化促进规范化，构建信访工作的新格局，提高依法解决问题的质量和效率。实施网上信访制度，将通过信、访、网、电多种方式受理信访事项等数据全部录入上网，建立网下办理，网上流转的办理程序，实现网上信访事项的可查询、可跟踪、可督办、可评价（张雷和刘甲轩，2016）。信访人可以通过信息系统查询办理结果、提出质询、进行投诉、实施评价，领导干部通过电子平台实时掌握面上情况和批件办理情况，督促相关部门认真履行职责，加快问题的处理。进一步完善广东省信访举报云平台的功能，完善统计分析功能模块，统一各渠道统计分析表格，建立广样本、多结构、大规模的环境信访大数据体系。通过数据库查找环境信访举报的重点地区、重点领域、重点问题、重点群体和重点人员，提高数据分析的真实性和准确度，提升互联网时代维护群众环境权益的能力和水平。运用"大数据+网格化"管理模式，加强信访举报数据分析研判，推动百姓身边潜在的环境热点、敏感问题由被动响应向主动预见转变（张佳琳等，2019）。

6.2.3.4 加强环境信访科技化建设

运用科技手段找准环境问题。充分运用卫星遥感、无人机、大数据等现代科学技术，找准、盯紧、抓实问题源头，着力攻坚化解。利用无人机执法模式解决区域性废气异味信访案件，一方面通过实时的航测数据迅速、准确锁定污染源方位，严厉查处环境违法行为，及时回应群众诉求；另一方面对群众投诉强烈的区域主动开展航测，根据航测结果结合信访督办工作督促属地严格落实监管责任，采取有效措施，改善环境质量，提供更多优质生态产品以满足人民日益增长的优美（王琳，2018）。

参 考 文 献

白慧玲 . 2017. 推动基层信访工作法治化建设的路径探索：基于山西省信访实践的研究分析 [J]. 中共山西省委党校学报，4 (2)：87-90.

本特·维斯兰德尔 . 2001. 瑞典的议会监察专员 [M]. 程洁译 . 北京：清华大学出版社 .

曹梅 . 2010. 新形势下环境信访疑难问题的成因及对策 [J]. 黑龙江科技信息，(31)：116.

曹巍 . 2019. 城市治理中走出邻避困境的路径研究 [D]. 西安：中共陕西省委党校 .

陈宝胜 . 2012. 公共政策过程中的邻避冲突及其治理 [J]. 学海，(5)：110-115.

陈佛保，郝前进 . 2013. 美国处理邻避冲突的做法 [J]. 城市问题，6：81.

陈海嵩 . 2016. 绿色发展中的环境法实施问题：基于 PX 事件的微观分析 [J]. 中国法学，1：69-86.

陈慧君 . 2018. 地方政府环境信访工作的困境与对策——基于江苏省 S 市的研究 [D]. 南京：南京信息工程大学 .

陈亮 . 2019. 邻避冲突中政府与社会组织的协同治理路径研究 [D]. 长春：长春工业大学 .

陈明慧 . 2017. 邻避效应事件的舆论引导对策研究——以广东近年重大邻避事件为例 [D]. 广州：暨南大学 .

陈晓运，张婷婷 . 2015. 地方政府的政策营销——以广州市垃圾分类为例 [J]. 公共行政评论，8 (6)：134-156.

陈兴玲，李少平 . 2012. 环境信访成因分析及处理实践探讨 [J]. 环境研究与监测，25 (2)：54-58.

陈忠禹 . 2014. 城镇化背景下邻避设施建设项目中的依法决策问题分析——以福州闽侯特高压变电站项目为例 [J]. 福州党校学报，5：30-33.

刁杰成 . 1996. 人民信访史略 [D]. 北京：北京经济学院出版社 .

董正爱，刘豆 . 2016. 城市邻避冲突的法律防控路径 [J]. 新形势下环境法的发展与完善——2016 年全国环境资源法学研讨会论文集 [C]. 武汉：全国环境资源法学研讨会 .

风笑天 . 2005. 社会学研究方法 [M]. 北京：中国人民大学出版社 .

高丽颖 . 2011. 浅析新形势下如何做好环境信访工作 [J]. 法制与社会，(9)：212.

郭伟 . 2016. 高校信访法治化的工作路径研究 [J]. 法制博览，(36)：243.

何炜 . 2018. 政策营销在城市邻避冲突中的应用研究 [J]. 内蒙古社会科学版，39 (2)：36-42.

何艳玲 . 2006. "邻避冲突"及其解决：基于一次城市集体抗争的分析 [J]. 公共管理研究, (0)：93-103.

何艳玲 . 2009. 中国式邻避冲突：基于事件的分析 [J]. 开放时代, (12)：101-114.

何艳玲 . 2014. 对"别在我家后院"的制度化回应探析——城镇化中的"邻避冲突"与"环境正义"[J]. 人民论坛学术前沿, (6)：56-61.

侯光辉, 王元地 . 2015. 邻避风险链：邻避危机演化的一个风险解释框架 [J]. 公共行政评论, 8 (1)：4-28.

胡冰 . 2003. 国外民愿表达机制与我国信访体制改革特区理论与实践 [J]. 特区理论与实践, (12).

胡婷 . 2012. 浅谈中国信访制度的走向 [J]. 法制与经济, (4)：194-195.

黄玮 . 2003. 美国尤卡山核废物处置场的最新进展 [J]. 科学对社会的影响, (2)：18-20.

汲立立 . 2012-11-12. 德国"斯图加特21"项目的反思 [N]. 学习时报, 第2版.

金威威 . 2019. 基层信访矛盾有效治理研究——以Z区为例 [D]. 上海：上海海洋大学.

李景香 . 2018. 环境风险背景下"邻避效应"的法律规制 [D]. 兰州：甘肃政法学院.

李琦, 祖力克 . 2005. 德国议会请愿权制度简介 [J]. 人大研究, (08)：44-46.

李武骏 . 2018. 邻避设施选址的立法问题研究 [D]. 重庆：西南政法大学.

李晓巧 . 2014. 中国古代的直诉制度 [J]. 文史天地, (1)：40-44.

李艳洁, 李宾 . 2013-01-07. 环境群体性事件：政府执政新考验 [N]. 中国经营报, 第8版.

李永展 . 1997. 邻避症候群之解析 [J]. 都市与计划, 24 (1)：69-79.

林华东 . 2018. 信访法治化的现实困境与路径选择 [J]. 政法论坛, (4)：129-130.

刘冰 . 2016. 风险、信任与程序公正：邻避态度的影响因素及路径分析 [J]. 西南民族大学学报（人文社科版）, 37 (9)：99-105.

刘东刚 . 2010. 法国调解专员制度对我国信访制度的借鉴意义 [J]. 研究生法学, 2 (25)：135-139.

刘彦昌, 孙琼欢 . 2017. 治理现代化视角下的协商民主 [M]. 杭州：浙江大学出版社.

卢爱琴 . 2017. 浅议当前环境信访工作中的难点及对策 [J]. 资源节约与环保, (7)：106-107.

孟薇, 孔繁斌 . 2014. 邻避冲突的成因分析及其治理工具选择——基于政策利益结构分布的视角 [J]. 江苏行政学院学报, 2：119-124.

潘若喆 . 2018. 瑞典议会监察专员制度运行机制及其借鉴 [J]. 广东开放大学学报, 131 (27)：63-68.

彭小兵 . 2016. 环境群体性事件的治理——借力社会组织"诉求-承接"的视角 [J]. 社会科学家, (4)：14-19.

皮纯协, 潘祜周, 王英昌 . 1991. 中外监察制度简史 [M]. 郑州：中州古籍出版社.

乔艳洁, 邱小明, 周清华 . 2014. 生态城市建设中的邻避效应探析 [J]. 城市发展研究,

21（2）：137-139.

丘昌泰，黄锦堂，汤京平 . 2006. 解析邻避情结与政治 . 台北：翰芦图书出版有限公司 .

丘昌泰 . 2001. 从"邻避情结"到"迎臂效应"台湾环保抗争的问题与出路［J］. 政治科学论 丛，（17）：33-36.

人民网 . 2014. 全国网上信访工作现场推进会在江苏淮安召开［OL］. http://politics. people. com.cn/n/2014/0414/c1001-24R92052_html_.［2015-9-11］

沈庆春 . 2018. 高邮市环境信访特点与对策浅析［D］. 扬州：扬州大学 .

石佑启，黄喆 . 2014. 论网上信访及其制度保障［J］. 中南民族大学学报人文社会科学版， （5）：96-100.

谭翀 . 2013. "政策营销"：源流、概念、模式与局限［J］. 中国行政管理，（12）：28-32.

谭翀 . 2015. 政策营销失灵现象研究——基于中国大陆政策营销的运用现状［D］. 南京：南 京大学 .

谭爽，胡象明 . 2014. 环境污染型邻避冲突管理中的政府职能缺失与对策分析［J］. 北京社会 科学，（5）：37-42.

汤汇浩 . 2011. 邻避效应：公益性项目的补偿机制与公民参与［J］. 中国行政管理，（7）： 111-114.

陶鹏，童星 . 2010. 邻避型群体性事件及其治理［J］. 南京社会科学，（8）：63-68.

童星 . 2010. 公共政策的社会稳定风险评估［J］. 学习与实践，（9）：114-119.

王伯承 . 2018. 邻避项目社会稳定风险防控体系的三重建构［J］. 地方治理研究，（03）： 52-69.

王佃利，王庆歌，韩婷 . 2017. "应得"正义观：分配正义视角下邻避风险的化解思路［J］. 山东社会科学，（3）：56-62.

王佃利，王庆歌 . 2015. 风险社会邻避困境的化解：以共识会议实现公民有效参与［J］. 理论 探讨，（5）：138-143.

王佃利，王玉龙，于棋 . 2017. 从"邻避管控"到"邻避治理"：中国邻避问题治理路径转型［J］. 中国行政管理，5：119-125.

王佃利，王铮 . 2018. 城市治理中邻避问题的公共价值失灵：问题缘起、分析框架和实践逻辑［J］. 学术研究，（5）：43-51.

王佃俐 . 2017. 邻避困境［M］. 北京：北京大学出版社 .

王冠群，杜永康 . 2020. 我国邻避研究的现状及进路探寻——基于 CSSCI 的文献计量与知识图 谱分析［J］. 南京工业大学学报（社会科学版），19（5）：65-77.

王琳 . 2018. 环境监测在处理环境信访案件中的应用及思考［J］. 环境与发展，（1）： 148-149.

王浦劬 . 2016. 国家治理现代化：理论与策论［M］. 北京：人民出版社 .

王伟歌 . 2011. 唐代直诉制度职能述论，重庆交通大学学报，2（11）：83-86.

王振国，闫志海．2006．浅析环境信访产生的原因及对策［J］．中国科技信息，（3）：178.

吴镝鸣．2016．寻找共识的政治——新加坡民情联系制度对我国信访制度的启示［J］．信访与社会矛盾问题研究，（3）：158-166.

伍浩松．2009．尤卡山项目正式终止［J］．核废物管理，（5）：27.

习近平．2014-09-22．习近平在庆祝中国人民政治协商会议成立65周年大会上的讲话［N］．人民日报，第2版.

肖萍，刘冬京．2012．信访制度的法理研究［M］．北京：群众出版社.

谢国民．2017．当前环境信访工作的困难与对策［J］．环境与可持续发展，42（1）：88-89.

谢志平．2015．公共政策营销的体制性约束及其调适［J］．政治学研究，2015，（3）：101-109.

辛方坤．2018．邻避风险社会放大过程中的政府信任：从流失到重构［J］．中国行政管理，（8）：126-132.

新华网．2013．国家信访局门户网站网上投诉将于7月1口起全面放开受理内容［OL］.http：//news.xinhuanet.com/politics/2013Ofi/30/c 11fi343709_htm_.［2015-9-11］

邢晓萌．2019．治理"邻避"——以垃圾焚烧项目为例［D］．南京：南京师范大学.

徐国庆．2009．美国尤卡山项目经受新的挑战［J］．世界核地质科学，26（2）：124.

徐国庆．2011．关于尤卡山项目的一些思考［J］．世界核地质科学，28（2）：104-111.

徐祖迎，朱玉芹．2018．邻避治理理论与实践［M］．上海：上海三联书店.

许敏．2015．基于协商民主的网络群体性事件治理研究［M］．上海：上海交通大学出版社.

许志水，姚遥，李英强．2005．宪政视野中的信访治理［J］．甘肃理论学刊，（3）：15-20.

鄢德奎，李佳丽．2018．中国邻避冲突的设施类型、时空分布与动员结构——基于531起邻避个案的实证分析［J］．城市问题，（9）：1-15.

应星．2004．作为特殊行政救济的信访救济［J］．法学研究．26（3）：58-71.

游春晖，王菁．2017．加拿大环境审计运行和保障制度：实践、特点及启示［J］．财会月刊，（2）：92-95.

原田正纯．2007．公害等调整委员会处理纠纷的现状与课题［C］．环境纠纷处理前沿问题研究——中日韩学者谈［M］．北京：清华大学出版社.

张佳琳，叶脉，张路路，等．2019．新形势下案例省环境信访工作特点及其相关机制探讨［J］．环境与可持续发展，44（5）：147-149.

张俊秀．2019．环境行政信访问题研究［D］．乌鲁木齐：新疆大学.

张乐．2017．邻避冲突解析与源头治理［M］．北京：社会科学文献出版社.

张雷，刘甲轩．2016．新形势下做好环境信访工作的措施探讨［J］．绿色科技，（6）：80-82.

张鑫磊．2016．江苏信访治理与法治化研究［D］．南京：南京农业大学.

赵冠伟，黄勋，李青芜，等．2017．广州市环境保护信访事件时空演变特征及对策研究［J］．中国人口资源与环境，S1：67-69.

赵小燕．2014．邻避冲突参与动机及其治理：基于三种人性假设的视角［J］．武汉大学学报

（哲社版），（2）：36-41.

钟瑜. 2019. 政府法治视角下邻避冲突的法律治理 ［D］镇江：江苏大学.

周丽旋，彭晓春等. 2016. 邻避型环保设施环境友好共建机制研究——以生活垃圾焚烧设施为
例 ［M］. 北京：化学工业出版社.

Bacow L S，Milkey J R. 1982. Overcoming Local Oppositon to Hazardous Waste Facilities：The Massa-
chusetts Approach ［J］. Harvard Environmental Law Review，（6）：265-305.

Barry G R. 1994. Beyond Nimby：Hazardous waste siting in Canada and the United States ［M］.
Washington D C：Brookings Institution.

Burningham K. 2000. Using the language of NIMBY：a topic for research，not an activity for
researchers ［J］. Local environment，5（1）：55-67.

Carnes S A，Copenhaver E D，Sorensen J H，et al. 1983. Incentives and nuclear waste siting：
Prospects and constraints ［J］. Energy Systems and Policy，7（4）：323-351.

Cowan S. 2003. NIMBY syndrome and public consultation policy：the implications of adiscourse analysis
of local responses to the establishment of a community mentalhealth facility. Health and Social Care
in the Community，11（5）：379-386.

Devine-Wright P. 2011. Public engagement with large scale renewable energy technologies：breaking the
cycle of NIMBYism ［J］. Wiley Interdisciplinary Reviews：Climate Change，2（1）：19-26.

Dvorak T. 2018. The use of local direct democracy in the Czech Republic：how NIMBY disputes drive
protect behavior ［J］. Local Government Studies，44（3）：329-349.

Feinerman E，Finkelshtain I，Kan I. 2004. On A Political Solution to the NIMBY Conflict ［J］.
American Economic Review，94（1）：369-381.

Fischer F. 1993. Citizen participation and the democratization of policy expertise：From theoretical
inquiry to practical cases ［J］. Policy Sciences，1993，26（3）：165-187.

Heras-Saizarbitoria I，Zamanillo I，Laskurain I. 2013. Social acceptance of ocean wave energy：A case
study of an OWC shoreline plant ［J］. Renewable and Sustainable Energy Reviews，27：515-524.

Hunter S，Leyden K M. 1995. Beyond NIMBY：explaining opposition to hazardous waste facilities ［J］.
Policy studies journal，23（4）：601-619.

Kuhn R G，Ballard K R. 1996. Canadian innovation in siting hazardous waste management facilities ［J］.
Journal of policy analysis and management，15（4）：601-622.

Mcavoy G. E. 2010. Partisan Probing and Democratic Decisionmaking Rethinking the Nimby Syndrome
［J］. Policy Studies Journal. 26（2）：274-292.

Minde J M. 1997. Building a framework for a spatial decision support system for co-location public
facilities ［D］. Fairfax：George Mason University.

Mmanian D，Morell D. 1990. The "NIMBY" Syndrome：facility siting and the failure of democratic
discourse ［J］. Environmental policy. 1：225-233.

Morell D, Magorian C. 1982. Sitting Hazardous waste facilities: Local Opposition and the myth of oreemption [M]. Cambridge: Maballinger.

Morell D. 1984. Siting and the Politics of equity [J]. Hazardous Waste, (1): 555-571.

O'Hare M. 1977. Not on My Block, You Don't: Facility Siting and the Strategic Importance of Compensation [J]. Public Policy, 25 (4): 407-458.

Petrova M A. 2016. From NIMBY to acceptance: Toward a novel framework VESPA For organizing and interpreting community concerns [Z]. Renewable Energy. 86: 1280-1294.

Saha R, Mohai P. 2005. Historical Context and Hazardous Waste Facility Siting: Understanding Temporal Patterns in Michigan [J]. Social Problems. 52 (4): 618-648.

Vittes M E, Lilie S A. 1993. Facators contributing to NIMBY attitudes [J]. Waste management, 13 (2): 125-129.

附　　录

1.《中华人民共和国环境保护法》

《中华人民共和国环境保护法》1989 年 12 月 26 日由第七届全国人民代表大会常务委员会第十一次会议通过；2014 年 4 月 24 日第十二届全国人民代表大会常务委员会第八次会议修订通过，自 2015 年 1 月 1 日起施行。

2.《中华人民共和国环境影响评价法》

《中华人民共和国环境影响评价法》2002 年 10 月 28 日第九届全国人民代表大会常务委员会第三十次会议通过；根据 2016 年 7 月 2 日第十二届全国人民代表大会常务委员会第二十一次会议《关于修改〈中华人民共和国节约能源法〉等六部法律的决定》第一次修正；根据 2018 年 12 月 29 日第十三届全国人民代表大会常务委员会第七次会议《关于修改〈中华人民共和国劳动法〉等七部法律的决定》第二次修正。

3.《中华人民共和国政府信息公开条例》

《中华人民共和国政府信息公开条例》经 2007 年 1 月 17 日国务院第 165 次常务会议通过，2007 年 4 月 5 日中华人民共和国国务院令第 492 号公布；2019 年 4 月 3 日中华人民共和国国务院令第 711 号公布修订，自 2019 年 5 月 15 日起施行。

4.《企业信息公示暂行条例》（国务院令 654 号）

《企业信息公示暂行条例》2014 年 7 月 23 日国务院第 57 次常务会议通过，自 2014 年 10 月 1 日起施行。

5.《建设项目环境影响评价政府信息公开指南（试行）》

《建设项目环境影响评价政府信息公开指南（试行）》2013 年 11 月 14 日由环境保护部办公厅印发。

6.《环境保护公众参与办法》（部令第 35 号）

《环境保护公众参与办法》2015 年 7 月 2 日环境保护部部务会议通过，2015 年 7 月 13 日环境保护部令第 35 号公布，自 2015 年 9 月 1 日起施行。

7.《环境信息公开办法（试行）》（总局令 第 35 号）

《环境信息公开办法（试行）》2007 年 2 月 8 日经国家环境保护总局 2007 年第一次局务会议通过，自 2008 年 5 月 1 日起施行。

8. 《建设用地审查报批管理办法》

《建设用地审查报批管理办法》1999 年 3 月 2 日中华人民共和国国土资源部令第 3 号发布；2010 年 11 月 30 日第一次修正；根据 2016 年 11 月 25 日《国土资源部关于修改〈建设用地审查报批管理办法〉的决定》第二次修正。

9. 《建设项目竣工环境保护验收暂行办法》（国环规环评〔2017〕4 号）

《建设项目竣工环境保护验收暂行办法》（国环规环评〔2017〕4 号）是 2017 年环境保护部发布的部门规章。

10. 《关于进一步做好生活垃圾焚烧发电厂规划选址工作的通知》（发改环资规〔2017〕2166 号）

《关于进一步做好生活垃圾焚烧发电厂规划选址工作的通知》（发改环资规〔2017〕2166 号）于 2017 年 12 月 12 日由国家发展改革委、住房城乡建设部、国家能源局、环境保护部、国土资源部五部委联合发布。

11.《生活垃圾焚烧发电建设项目环境准入条件（试行）》（环办环评〔2018〕20号）

《生活垃圾焚烧发电建设项目环境准入条件（试行）》（环办环评〔2018〕20号）于2018年3月5日由环境保护部办公厅印发。

12.《关于推进环保设施和城市污水垃圾处理设施向公众开放的指导意见》（环宣教〔2017〕62号）

《关于推进环保设施和城市污水垃圾处理设施向公众开放的指导意见》（环宣教〔2017〕62号）于2017年4月13日由环境保护部和住房城乡建设部共同发布。

13.《城市生活垃圾处理设施向公众开放工作指南（试行）》（环办宣教〔2017〕92号）

《城市生活垃圾处理设施向公众开放工作指南（试行）》（环办宣教〔2017〕92号）2017年12月26日由环境保护部办公厅、住房城乡建设部办公厅共同发布。

14. 《环境影响评价公众参与办法》（生态环境部令 第 4 号）

《环境影响评价公众参与办法》（生态环境部令 第 4 号）于 2018 年 4 月 16 日由生态环境部部务会议审议通过，自 2019 年 1 月 1 日起施行。

15. 《关于改革完善信访投诉工作机制 推进解决群众身边突出生态环境问题的指导意见》（环厅〔2019〕106 号）

《关于改革完善信访投诉工作机制 推进解决群众身边突出生态环境问题的指导意见》（环厅〔2019〕106 号）由生态环境部于 2019 年 11 月 27 日印发。

16. 《广东省信访条例》

《广东省信访条例》由广东省第十二届人民代表大会常务委员会第七次会议于 2014 年 3 月 27 日通过，自 2014 年 7 月 1 日起施行，《广东省各级人民代表大会常务委员会信访条例》同时废止。

17. 《广东省人民代表大会常务委员会关于居民生活垃圾集中处理设施选址工作的决定》（第 69 号公告）

《广东省人民代表大会常务委员会关于居民生活垃圾集中处理设施选址工作的决定》由广东省第十二届人民代表大会常务委员会第二十九次会议于 2016 年

12 月 1 日通过，自 2016 年 12 月 1 日起施行。

　　18.《广东省信访工作责任制实施细则》

　　《广东省信访工作责任制实施细则》由中共广东省委办公厅、广东省人民政府办公厅于 2017 年 2 月 10 日印发，2010 年 10 月 16 日印发的《广东省信访工作责任追究暂行办法》同时废止。

后 记

近年来，我国正处于生态环境领域各类问题引发的社会风险多发、频发期，涉环保"邻避"冲突事件和环境信访举报案件呈现大幅增长态势，以垃圾焚烧发电、PX、核电、殡葬等新建项目的"邻避"问题及城市产业规划布局不合理导致的"楼企楼路""达标扰民"等环境信访纠纷已成为社会的关注焦点和治理难点。广东省既是全国经济、人口第一大省，也是改革开放的前沿阵地，在部分区域、部分领域，环境社会风险及由此引发的各类问题尤为突出，特别是一些地方，由于对"邻避"问题和环境信访纠纷防范与化解不及时、应对方式不当，不仅造成项目停滞，干扰正常的基础设施建设和经济发展进程，甚至引发群体性事件，让人民群众的利益和政府公信力双双受损。如何从科学、精准、依法的角度，积极做好环境社会风险的防范与化解工作，是"十三五"以来各级党委政府推动解决各类"邻避"问题和环境信访纠纷的关注重点。

我们的环境社会风险研究技术团队始建于2015年，当年我们团队有幸参与了省级相关部门组织的重大调研课题，当时笔者作为课题组骨干成员，调研期间主要负责梳理国内外涉"邻避"问题典型案例及相关法律法规和政策性文件，参与了赴兄弟省市和省内地市实地调研，最终在调研报告中，全面分析了全省存在的突出不稳定因素及产生问题的原因，研究借鉴近年来涉环境建设项目正反两方面的经验教训，提出一系列针对性强、科学合理的对策措施。该调研报告呈报省委省政府，省委主要领导批示转各地、各有关部门认真落实，对有效应对解决当时我省"邻避"问题产生了积极作用，在这项工作结束后我也因此获得了省委相关部门的感谢信。

在2015年这次系统调研的基础上，自2016年开始广东省作为全国涉环保项目"邻避"防范与化解工作5个试点省份之一，全面落实中央试点工作要求。笔者负责的广东省环境科学研究院环境风险与损害鉴定评估研究所作为支撑省生态环境厅的技术力量，积极组织技术力量，对接生态环境部、广东省生态环境厅和相关地市，针对我省"邻避"问题现状和实际需求，对"邻避"问题和环境信访矛盾开始了系统研究，在省环境保护厅的指导下，参与制定了一系列政策制度体系研究并开展了一系列国家、省市级专项课题研究，包括 2017 年起草编制的《关于预防与化解建设项目"邻避"问题促进经济社会健康发展的意见》（粤委办〔2017〕18 号）首次由广东省委办公厅、广东省人民政府办公厅联合发布，为全省涉环保项目"邻避"问题防范与化解工作提供了指导意见，属全省首例，得到环境保护部的好评，吸引了兄弟省份相继前来学习取经；同年起草编制的《广东省涉环保项目"邻避"问题防范与化解试点工作方案》（粤环〔2017〕22 号）由广东省环保厅发布；2020 年起草编制的《广东省涉环保项目"邻避"问题防范与化解工作指引（试行）》（粤环函〔2020〕320 号）由广东省涉环保项目"邻避"问题防范与化解工作部门间联席会议发布，为全省涉环保项目"邻避"问题防范化解工作提供了具体指引；同年率全国之先起草编制了《广东省直机关有部门生态环境保护责任清单》（粤委办〔2020〕8 号），并由广东省委办公厅和广东省人民政府办公厅联合印发。此外，开展了国家信访局课题"涉'邻避'环境信访矛盾与环境社会风险源头治理研究"、广东省环保专项课题"广东省'楼企'、'楼路'环境信访矛盾防范与化解对策研究"、"构建广东省涉环保项目'邻避'问题重大风险防范与化解机制"、"广东省生态环境领域信访矛盾化解和优化管理决策机制研究"、"构建广东省防范化解环境社会风险的共建共治共享治理格局"、"广东省环境信访领域'达标扰民'、重复信访问题化解及突发事件应对支撑服务"、"广东省直机关有部门生态环境保护责任清单"以及地市项目"深圳市涉环保项目'邻避'问题防范与化解机制研究"、"汕头市澄海区洁源垃圾发电厂项目防范与化解邻避问题工作指引与应急预案"等研究，汇编了"广东省涉环保'邻避'问题防范与化解典型案例库"，其中部分案例已由生态环境部向全国各省份推广学习，为全省各级有关部门有效防范和化解"邻避"问题提供了科学指导。

2015 年以来，我们团队作为技术支持单位，先后多次配合广东省省委省政府、省生态环境厅组成专题调研组开展了全省环境社会风险的调研工作，在调研过程中，调研组没有止步于各地市上报的文字材料，而是亲自下到各地市进行实地调研走访，与当地基层干部、专家学者以及人们群众面对面座谈交流，客观真实地掌握了一手资料，精准地查找到"邻避"问题产生的深层次原因，针对性地提出了对策建议。先后共撰写了《全省涉环保项目"邻避"问题专题调研报告》《关于我省涉环保项目"邻避"问题防范化解工作的调研报告》《关于我省涉环保项目"邻避"问题防范与化解工作的深调研报告》《当前防范化解生态环境领域重大风险面临的新情况新问题专题调研报告》等调研报告，其中《关于我省涉环保项目"邻避"问题防范化解工作的调研报告》于 2019 年获得省领导专门批示和肯定。

本书的完成是基于团队近几年深耕环境社会风险的研究成果，这既是新时代给与我们作为环境科研人员的新机遇，也是近 6 年多来团队集体智慧的结晶。在本书出版之际，我们要特别感谢广东省生态环境厅二级巡视员、原厅应急办主任邓继勇、监察二处处长唐晓明、法规处处长陈文生、监察二处副处长唐元春、调研员吴迪文、孙盛辉、赖建文等同志，感谢他们在团队开展项目研究和政策制定过程中提供了全程指导和帮助，还要特别感谢广东省委办公厅信息综合室副主任朱晨曦、调研员戴兰、主任科员蔡霓等在与团队联合开展"邻避"问题防范化解工作的调研工作时，对我们团队的指导。

广东省环境科学研究院院长汪永红、副院长李朝晖在团队开启"邻避"课题研究之初给予了资金支持和辛勤指导，对团队的发展有一种"扶上马，送一程"的关切和帮助。在开展《关于预防与化解建设项目"邻避"问题促进经济社会健康发展的意见》和《深圳市涉环保项目"邻避"问题防范与化解机制研究》工作的时候，李朝晖副院长多次与团队成员一起封闭数日攻坚项目，多次讨论和修改，为团队的成果总结付出了大量心血。

本书的完成是我们团队成员合作的结果，参与本书写作的主要人员有：李朝晖对本书的总体思路和框架结构多次提出指导和把关，张景茹负责撰写了第一章的 1.1 节、1.2 节、1.4 节，第二章，第三章和第六章，张路路负责撰写了第四章 4.1 节和第五章，张志娇负责撰写了第一章 1.3 节和第四章 4.2 节，最后由叶脉进行统稿和完善成书，此外，团队其他成员在本书完成过程中做了大量的协调和清稿等工作。

在此，对以上单位和人员，我谨致以诚挚的感谢！

囿于我们的水平，本书还存在许多不足之处，希望各位朋友和读者不吝提出批评和建议。

叶　脉
2021 年 5 月于广州